U0040767

管理者

每天精進1%的決策躍升思維

精準決策、帶領團隊、強化績效的40個管理藝術

MANAGER

曾國棟——原著・口述
李知昂——採訪整理

競爭力，來自於
比別人多想一點、多做一小步！

不論是時間管理、面試徵才、帶領團隊，
思考深一點、行動多一步，
就能穿越例行公事的迷霧，成為高效管理者！

目錄 CONTENTS

第二章 人才與組織

第三章 領導與溝通

第四章　**創新服務**

推薦序

心中有願景，永遠年輕的長者

丁菱娟／新創及二代企業導師

曾國棟老師，我們都叫他ＫＤ老師，是我非常尊敬的一位長者，跟他認識真的是很有緣分，我們同時在很多不同的單位擔任創業導師，像是ＡＡＭＡ台北搖籃計畫、二代大學，還有許多演講的場合。能夠有像他在業界這麼高人氣、高人脈的老師一起擔任導師，我自然覺得非常的榮幸。

每次跟他碰面的時候，他都會和我聊到寫作出書的一些想法和細節，ＫＤ老師總是非常好奇地詢問如何可以讓文章更平易近人，讓更多讀者喜歡閱讀，聽完之後我覺得非常汗顏，對待讀者的喜好和寫作技巧的精進我真的不如ＫＤ老師的熱情和認真。他一旦認定的計畫和任務，絕對全力以赴，而且劍及履及，就行動力而言KD老師無異就是夢想實踐家。

越與KD老師認識，越了解他，越認為他根本就是年輕人，除了不可更改的年紀之外，他具備了「不老」的特質，好奇、熱情、活力、有勇氣、肯冒險。他全身上下充滿了戰鬥力，經常跟我聊著他的出書計畫，和其他想做的事。神奇的是，沒過幾個禮拜再碰面時，他就說已經完成了一本書，或是已經又寫完了七、八十篇的文章。對於他的執行力和速度，我只能用「瞠目咋舌」四個字來形容。

他對於傳承這件事情非常有使命感，拚命地想把自己三、四十年的功力趕快地分享傳承給現在的年輕人，教導他們做人處事的道理、經營公司的理念、合夥及併購的眉角、領導溝通的能力，以及創新與創業的觀念。他擁有太多豐富的經驗，生命有太多源源不絕的故事，這本書集結了他智慧的精華，有分給管理者和工作者兩個主題，他緩緩地道出生命哲學和價值觀，像是旁邊有人生導師循循善誘，有緣讀到是讀者的幸運。

曾經他在輔導二代接班的學員時，發現最大的挑戰是在於一代和二代之間的隔閡，所以他跑去找一代這些父母聊天打高爾夫球，像朋友似地慢慢告訴他們有關他兒子的想法和對父母的愛，也跟他們聊一些對接班的看法和退休分享，不僅增加一代對二代的信任，也推動一代慢慢放手的意願。

他的心胸寬大，創業過程樂於當老二，顧全大局，老二哲學讓他在事業上維持很好的夥伴關係，現在我發現「創業合夥人」（Co-founder）這個頭銜已成為很多新創事業的常態，對於合夥的關係真諦，都可以在KD老師身上找到豐富的經驗和高度的思維。

他的傳承工作還不只是著書立說、寫作演講而已，他今年還真正地開辦起中華經營智慧分享協會（MISA），邀請各界領域精英老師一起參與擔任講師，大家一起將所學的經驗萃取成一堂堂智慧課程，傳遞給下一代的年輕人。很多老師也被他這種熱心且真誠奉獻的精神所感動，毫不遲疑地加入。

著書、立說、辦學這三件事，就是一門利他的事業，KD老師到第三人生做的都是這三件事，思考如何分享智慧，傳承智慧。雖然勞心勞力，但他總是充滿熱情，有計畫地去實踐它。就像他在書中寫的，當你找出了動機和願景，便能點燃熱情，熱情利他又利己，若是為了完成願景，或達成自己內心的動機，歡欣去做，就不會覺得苦，反而會快樂。我相信在他的人生道路上，這三件是他會一直做下去的事，因為他有願景又有執行力。

這本書同樣集結了他的智慧和經營哲學，給工作者和管理者兩個部分，與其說是傳授工作與管理的經驗，倒不如說他是在傳授一種思維和態度，通常態度對了，事情也就對了。

對於這樣一位有智慧又活力四射的長者，除了尊敬之外，也是我人生的榜樣。

推薦序

最樂於分享知識、提攜後進的人

何飛鵬／城邦媒體集團首席執行長

我認識的曾國棟是一個最珍惜且重視知識管理的人，他把數十年的管理、經營經驗，全部整理成系統化的知識，並整理成簡報（PPT），到各企業分享，造福了無數同業。

他也是最勤於筆耕的企業家，不斷地把他的人生體驗、職場經驗，寫成一篇篇的文章，以和年輕人分享，在雜誌及媒體上獲得極大的認同，在網路上有極高的點擊率。

大約在兩年前，他和我談了一個極具創意的想法，他覺得我們這些年華老去的經營者，有責任為這個社會做一些事，就是把我們一生的經驗，傳承給年輕的創業家，讓他們能在複雜的經營環境中，少犯一些錯誤，少走一些遠路。他的想法也很簡單，就是集合這些即將退居幕後的經營者，組成一個團體，有計畫地傳承分享管理知識。

我以為他只是說說而已，隨口附和了兩句。沒想到他完全當真，到處去宣揚他的理念，開始一步步召集了一群認同他的想法的人，最後成立了中華經營智慧分享協會（MISA），由有經驗的企業家，組成院士團，每個月舉辦咖啡座談，定期分享管理經營經驗。也有計畫地募集年輕的創業家，由院士進行一對一的經營指導，為期兩年，他的想法真的付諸實踐了！

現在他把已完成的文章集結起來，出成兩本書，分別是一本給工作者看，一本給管理者看，他用的都是一%的精進思維的概念，告訴所有的讀者如何增加一%的努力，就可以帶來無限的成長可能。

給工作者的這一本，談的都是日常工作的瑣事，雖然名為瑣事，但是曾國棟認為瑣事也有講究，一樣是每件瑣事都要把它做對、做好，這樣就能夠出現出人意外的成果，他認為只要每天成長一%，一年就會有三十七倍的成長。

全書分成四章：第一章是自我修練的心法，講的是工作態度及如何修心養性。第二章是職場的重要觀念，講的是在工作中應該要注意的事。第三章是工作技能的精進，講的是職場中常需要用到的工作技巧，如何進一步精進。第四章是影響成敗的關鍵，講的是工作者工作時會遭遇的困難，以及如何克服困難。

全書用一篇篇簡短的文字，每篇講透一件事、一個道理，讓讀者可以隨時進入閱讀，極易消化吸收。

第二本是給管理者的一％精進思維，一樣從小事下手探討，只要做好每一個管理細節，就可以提高組織的整體效率。

全書也分為四章：第一章是管理的觀念及應用，談的都是管理的基本觀念。第二章是人才與組織，講的是如何建立組織以及吸引人才、育才用人。第三章是領導與溝通。第四章是創新服務，創新是主管責無旁貸的工作，告訴主管如何啟動創新。

這兩本書是極有用的自我修練書籍，值得每一個工作者閱讀。

推薦序

用心做人做事

劉忠繼／好好聽文創傳媒總經理

二〇一九年底，我在新竹ＩＣ之音廣播電台主持的節目「贏戰・企業＋」，透過陳來助先生介紹，邀請到曾國棟董事長來上節目接受訪談。我們以他那本新書《商學院沒教的三十堂創業課》為基礎，談他的企業經營心法與理念。

在此之前，我只慕名，但從未見過曾董事長。因為在ＩＣ之音主持節目的關係，多少涉略科技產業與企業數位轉型相關訊息，對曾董的友尚集團及台灣大聯大，也僅止於產業訊息上的認知而已。在訪談前的預習功課，無論是曾董的著作或友尚集團的公司介紹裡，處處可見「多一小步服務」、「六心服務」等字眼，因此對這位企業家如何經營事業、如何成功的過程，有著很大的好奇與急欲探索的心情。

在近九十分鐘訪談時間裡，面對我各式各樣的詢問，曾董始終維持著笑容，以他那低沉Bass嗓音，清晰有條理地述說著他的故事及理念。一開始，我沒有把重點放在財務規劃、市場經營或行銷策略上，我以「用心」切入主題，他以多年前家族赴日旅遊，住宿於加賀屋所享貼心服務為例，說明他所受到的啟發。因為看到加賀屋從總經理到一線服務員、從接機送機的體貼入微，讓曾董產生一種內在變革的力量，因此熱心、誠心、用心、恆心、貼心、歡心的「六心服務」就成了友尚的經營目標之一。

這回在新出的兩本書中，他依然以熱情、快樂與貼心的服務心態來貫穿經營心法。對各階層工作人員，他說「找出動機，用熱情驅動工作力」。在熱情之中培養主動精神，他說「主動創造回應，回應不好等於服務不佳」。在傳統服務業裡，人際溝通與當面應對服務是業務成敗的重要關鍵，但面對數位化浪潮，許多企業在進行數位轉型的改造過程中，改變以往產品製造思維，改以顧客滿意導向作為組織變革的基本原理，其實就是體現這種主動創造回應的理念。因為無論是深化老顧客的經營或開拓新顧客的廣度，無非是要創造每一個接觸點，並藉著接觸的節點，確確實實地做好客戶的滿意體驗。在數位經濟裡常說的訂閱、導流、導購等，其實每一個環節的關鍵都在於貫徹主動回應，並設計出完美的客戶滿意流程規劃。

另外對於管理者，他特別在人才與組織篇章裡提到重要理念：「看不見的競爭力：重視與人相關的事，也重視感受」。他很重視公司同仁的感受，因此他要求包括他自己在內的公司高階主管要將心比心，設身處地了解基層員工心理狀態，這些工作落實到座位安排與參加同仁們的婚喪喜慶等事務。進入二十一世紀，無論大型企業或新創知識型企業，為簡化營運成本及工作流程，組織內部管理多半採結構式硬性設計，通常的說法是依照制度或規定辦理，但就在就事論事、照章辦事的辦公室空間裡缺乏了人味兒。曾任教於哈佛商學院（Harvard Business School）的麥克．瓦金斯（Michael D. Watkins）教授在《從新主管到頂尖主管》（*The First 90 Days*）一書裡說到，領導人在鼓舞人心的做法上有一項很重要：讓員工成為故事的一部分。在此延伸的想法就是重視員工，也就是在硬性的制度外，找尋員工的故事，成為激勵團隊成長的要素，培養員工的忠誠度與向心力。友尚從一九八〇年創立至今，期間經歷各種不同經營環境及條件的考驗，曾董在新書裡仍反覆強調「主管對屬下噓寒問暖，照顧屬下的需要」等等溫馨訴求，在這百年大疫艱困期間更顯彌足珍貴。

檢視曾董從創業迄今，以及友尚歷經上市後又併入大聯大的過程，走過了台灣經濟發展的各個重要轉型階段，同時也面對過兩岸、全球政經劇烈變動的時刻。我在訪談裡，以及事後的數次當面請益中，雖未聽到他談如何闖過每一個艱辛挑戰，但從他過去的經營軌跡及新作，可以體會出這些經驗與心法是錘煉出來的精品，也是禁得起時代變動考驗的精華。

幾年前，史丹佛大學（Stanford University）心理學教授卡羅．杜維克（Carol S. Dweck）在她著名大作《心態致勝》（*Mindset*）中，以「成長型心態」讚許奇異（GE）前執行長傑克．威爾許（Jack Welch）經營企業與對待員工的態度與做法，就是傾聽、歸功與栽培。引述傑克．威爾許的話說：領導人真正的自信是：有勇氣敞開心胸，歡迎改變和新點子，不論它們源自於何處。曾董在訪談中曾談到學習新知的態度，還有在面對新競爭態勢時，必須做出與大聯大合併的抉擇。我在他新作裡看到「合理懷疑內、外部意見，不輕率照單全收」，以及「了解特性，適才適所，幫屬下創造平台」等等面向，既印證著成功企業家的器識，也為成功領導人的「成長型心態」落下了具實寫照。

前言

以分享為宏願，小故事大啟發

整理心得，實現無私分享心願

在我的職場人生中，第一、二份工作缺乏系統性訓練，只靠師徒制的跟班機會教育，以及自我摸索學習，總覺得有些緩慢及學習障礙。因此我暗暗發了一個心願，以後有機會一定將經驗整理成文章，一方面傳承經驗給公司同仁，一方面分享給外界需要的人。

一九九五年開始，我陸續整理了十幾萬字初稿。後來從二〇〇七年至二〇一三年，又投入六年時間，每兩週花兩小時，透過我口述，由編輯者加以整理，成為六十萬字的三本分享工具套書，內容包括了實務篇、觀念篇、經營篇。除了作為公司內部經驗傳承外，也捐給電子零件公會及中華經營智慧分享協會付印，嘉惠有需要的學習者，包括同業及非同業。

商周出版也從其中摘錄，出版了四本書：《讓上司放心交辦任務的ＣＳＩ工作術》、《比專業更重要的隱形競爭力》、《王者業務力》、《想成功，先讓腦袋就定位》。二〇一九年，又將輔導新創企業心得加以整理，出版了《商學院沒教的三十堂創業課》，實現了我之前立下的無私分享心願。

快樂存乎一心，分享助人真快樂

某些朋友剛認識我，會覺得我這人很奇怪，到處去分享企業經營、管理、服務的知識和理念，甚至業務的祕訣，許多行程都是當志工，屬於義務性質，不但沒有酬勞，自己還要貼上時間和心力，開車或搭車前往，講幾個鐘頭站得腿都酸了。他們覺得無法理解，對我說：你為什麼這麼傻？把這些時間用來打球娛樂，輕鬆愜意享受人生不是很好嗎？

其實，深入認識我的人就會了解，我的快樂來源不一樣。因為我天性熱愛挑戰，無論當業務員、經營企業，都不斷設法達成雙贏、三贏，而且以此為樂，如果把一項難題挑戰成功，充實的成就感是不可言喻的。

分享經營智慧，讓台灣的企業提升，就是我人生的一項新挑戰與志業。這當然不容易，跟一百個人講，也許二十個人能吸收一部分就不錯了，而且只能執行其中的二〇%。但我認為「分享不累」，因為我的價值觀就是如此，從不怕難，幫助人成功就有快樂！

有些朋友也會問我，整理教材很花時間，稿費沒多少，又捐出去，幹麼那麼累？但他們不知道，其實我降低了期望值，只要所寫的內容中，其中一些心得對一小部分人有幫助，就值得寫了，這就是「分享」的快樂。累與快樂就在一線之隔，快樂存乎一心，我自許是知識文化志工，樂趣就在整理的過程中油然而生。

本書緣起：職場思維的分享、啟發與延伸

年過七十，我一直在思考可以幫社會做什麼事？看到一些成功的企業朋友，有的半退休，有的已退休，他們都有很豐富的經驗及資源，也有時間及熱情願意幫助他人。同時我也看到一些轉型期及成長期的企業主，需要被輔導，但缺乏平台將他們串起來，於

是興起了成立經營智慧分享平台的念頭。正巧碰到有辦私董會經驗，而且有執行能力的徐竹先，就邀集了三十幾位共同發起人，於二〇二〇年初成立了中華經營智慧分享協會（Management Intelligence Sharing Association），希望集結眾企業家的經驗智慧，有系統地分享與傳承。

有了這個念頭及目標，我就更積極參與各種分享活動。感謝好友陳來助的引薦，二〇一九年底應新竹ＩＣ之音的邀請，將《商學院沒教的三十堂創業課》書中局部內容錄製播出，由資深主持人劉忠繼採訪，李知昂負責錄音，因此認識了李知昂。他告訴我他也有寫作的經驗，於是就聊到我想將一些職場經驗寫成書的構想，最後決定透過小故事大啟發的手法，用輕鬆的方式，從小故事寫起，再將故事背後的啟發及迷思，延伸至職場及管理的思維。這也算是無心插柳、心想事成的意外收穫。

本書的題材都是我在日常生活，以及職場上發生的故事。藉這些故事的啟發及延伸的思維，希望可以讓讀者體會到「職場全贏思維」，讓自己成長，讓同仁喜歡您，讓老闆賞識您，讓客戶／供應商滿意您，也讓家庭更和樂，自己也更快樂。

章節的安排：工作者與管理者的八大類職場祕訣

原本在寫小故事時，一想到就先寫。寫好的部分，《經理人》雜誌也作局部刊載。等到寫了五十多篇時，才依文章屬性分類，共分為八大類。

最後總共整理了八十篇文章，又面臨資料量太大，編輯成一本書不好閱讀，決定從工作者及管理者角度切割成兩本。但其實工作者可能現在就是管理者，或未來會升為管理者；管理者又是當然的工作者，兩者真的是密不可分。

由於每篇文章都是獨立的小故事，您可以依屬性類別順著看，或先挑有興趣的類別看，當然也可以一篇篇挑出感興趣的小故事看，均不影響閱讀，彈性較大，也沒有先後順序的問題。邀請大家自由選讀各篇，從中輕鬆地吸收。

致謝

我要感謝我生活中的夥伴，她是我太太，也是我創業的貴人。本書中有多篇是她的故事，在生活中，她也經常有意無意間糾正我的觀念，好像是我的一面鏡子，給我許多的靈感及啟發，有時候又扮演我生活上導師的角色。

還要感謝編輯李知昂，他利用空檔整理本書，因為要照顧剛出生的小孩，常常要等小孩睡著了才開始熬夜整理。在肺炎疫情期間，我們經常要利用假日的空檔校對稿，他一邊要哄小孩，一邊要跟我校稿，真的辛苦他了。

終於又完成了一件分享心願，希望本書對讀者有些啟發作用。

曾國棟

第一章

管理的觀念及應用

1 永無止盡的問題是正常，不要把煩惱帶回家

問題永無止盡，一點也不奇怪

當初我創業很困難，煩惱有訂單但缺乏資金備貨；後來資金問題解決，又煩惱被退貨、被倒帳；解決後又有人才不足、海外設點……等問題，事情永遠忙不完。

過去我曾期待，明年、後年拿到代理線，增加一些資金，加幾個得力主管幫忙，我就比較輕鬆了。沒想到真的達成之後，管理上又多出許多新的事，還是忙不完。

我以為是我遇到特別狀況，或是方法不對，於是跟別人請教，發現別人也一樣，每天忙個不停，難免覺得辛苦。

後來，經過歸納我就想通了，除非公司關閉，否則哪有可能毫無問題呢？不只是創業，當主管、當職場人，任何角色都一樣，工作中會遇到永無止盡的問題，一點也不奇怪。反而期待變「輕鬆」，才是不切實際的想法，大概只有我們退休了，才有所謂「輕

鬆」這件事情吧！

從－故－事－中－得－到－啟－發

新的問題會不斷出現，永遠解決不完

在職場，我們常覺得自己最辛苦；但了解內情的人都曉得，家家有本難念的經，只是你不知道而已。企業中，永無止盡的問題是正常現象，每解決一項問題，又會產生新的問題。只要突破這項迷思，想通了，就知道天天都會有新的問題，本來就要不斷設法解決。

有問題是正常，不要期望會沒問題

只要生意在做，事情在滾動，就會有問題發生。唯有事業停滯的時候才會沒有問題，但這時候問題恐怕更大，因為市場變化瞬息萬變，不進則退。所以無論任何時候，作為職場人，請不要期望有一天會「沒有問題」。除非生意不做，公司關掉了，或你個人退休了，你的問題才會消失。

既然永遠不可能解決所有問題，改變心境就是唯一辦法。**做好心理建設，把職場中的問題當作正常，你就不會煩躁不安，反而能靜下來，把事情處理好。**

假設九五%都是壞消息，心情自然不亂

每天進公司，都有很多人等我開會、等我裁示解決一些問題。一開始，我有一些煩躁。後來，我就決定**在心裡做好準備，假設九五%是壞消息，只有五%是好消息。**

而且我還發現，即使在五%的好消息裡面，也有可能夾帶壞消息。例如拿到大訂單是好消息，但公司調貨的資金哪裡來？會不會因此必須備很多貨？會不會被倒帳？會不會訂單突然出問題導致一堆庫存？要怎麼處理比較好？這些都是隨之而來的煩惱。

於是，我乾脆更進一步做好心理建設，假定全部都是壞消息！這樣一來，就比較不會因為遇到問題，導致心情鬱悶。

樂當急診醫師，有存在價值

話說回來，剛開始的時候，我對於幹部每次來找我都沒好事，難免也覺得很煩，經常抱怨或心有不滿。我的想法是，他們怎麼搞的？辦事不力，問題只解決一半，質疑幹部為何自己不會解決？讓我很生氣。

後來，我才學會把自己定位為急診醫師或心理醫師，別人來找我，一定是問題解決不了才來。**因為別人依賴我，我的地位才高，我的存在價值就在這裡！**有了這個思維模式，把自己抬高，就有耐性來處理所有麻煩的問題。

不要把煩惱帶回家，懂得Switch off

雖然問題永無止盡，卻不是說，要無止盡地給自己壓力！我經常強調Switch off的觀念，就是適時把工作「關機」，該關燈睡覺就睡覺，該關電腦就關電腦，避免讓自己一直操煩下去。同時，也要懂得「切換」，既然回到家，就從工作模式切換到居家模式，不要繼續煩惱。

其實，**永無止盡的問題解決不了，帶回家也是沒法處理，不如明天再做**。因為，就算你在家忙得半死，花很多時間空想工作上的難題，在家沒人跟你討論，反而得不到結果。此外，很多工具、軟體與資料也在公司，你手上沒有足夠的資料，一味空想不但睡不著，更沒有效率。何況，要是你忙到晚上兩三點，弄到精神不濟，明天工作也還是做不好的。

煩惱一個人承擔就好，該休息要休息，該放假要放假

以前在我的公司，有個特殊狀況。原來我跟太太夫妻檔都在公司，一人負責業務，一人負責財務，有很多頭痛的問題，經常晚上回家還互相告訴對方，甚至失眠睡不著。這種狀況跟一般人不同。的確，回到家我們還是有人可以討論「公事」，因為夫妻都在同一個職場，但長期下來，我們卻發現這樣對身心都很不好。**後來我們就達成共識，要談公事，規定只在回家的路上，進車庫停車之前講，或明天上班車子發動之後才能談公事**。

跟這個狀況類似，員工遇到麻煩，經常很緊張地向主管回報，可是主管當時根本沒辦法處理，只是徒增困擾罷了。其實，若主管當下幫不上忙，優秀的員工會一肩扛起，第二天再報告，不會讓主管整夜擔心受怕。不過，若立即回報主管有可能「馬上」扭轉局勢的話，這時就不宜拖延，要儘快回報。

此外，我也建議同仁，**該休假就休假，該旅遊就旅遊，跟家人一道出門放鬆一下，讓身心可以休息。學著放手，也可以趁機考驗屬下，當你不在時事情能否解決？也是個機會讓他們成長。**

結論

永遠都有新問題，正是自我修練的契機

◆做好心理建設，把職場中的問題當作正常，你就不會煩躁不安，反而能靜下來，把事情處理好。

◆在心裡做好準備，假設九五%是壞消息，只有五%是好消息，甚至全部都是壞消息！如此一來，當你遇到麻煩，就能避免消極抱怨，轉而積極面對。

- ◆因為你能處理麻煩問題，你的地位才高，才有存在的價值！
- ◆雖然問題永無止盡，卻不是說，要無止盡地給自己壓力！永無止盡的問題解決不了，帶回家也是沒法處理，不如明天再做。
- ◆該休假就休假，該旅遊就旅遊，跟家人一起放鬆，讓身心休息。學著放手，也可以趁機考驗屬下獨當一面的能力。
- ◆即使不斷地有新問題出現，不要憂慮，這是你自我修練的契機。過關之後，你會越來越強！

2 以大局為重的老二哲學：捨了面子，得了裡子

我的創業故事

我的創業生涯很幸運。當初，是友尚公司的創辦人先出來創業，我跟他過去在同一家公司。他離職創業半年後，我去看他，問他經營得怎麼樣？他說做得不好，進錯了貨，買了一批韓國三星的產品，卻賣不出去。

我問他為什麼賣不出去，他說是規格問題，他進了韓國的KSC-945電晶體，和日本NEC的2SC-945腳位不同，要另外套一組套管才能賣出去，很難賣。我跟他說，你慘了，當初沒檢查好規格，現在賣不出去，你要不要考慮賣其他東西？

剛好我有朋友在台中生產LED，我問他要不要代理這項產品？他說好，問我要不要一起跳下來做？我就這樣離開公司，跟他一起創業。他對我說，你以前負責外銷，英文比較好，建議讓我來當頭。

原本創辦人是擔任董事長兼總經理，當時考慮讓我當董事長。但是我想起關西摸骨師跟我太太說過，你先生二十九歲的時候，有人找他去創業，掛妳的名字會賺錢。加上那時候有票據法的問題，掛她的名字也有好處，最後決定由我太太擔任董事長，原創辦人當總經理，我自己掛MD，就是Management Director（執行董事）。

這個職稱我用了很久，直到公司要上市櫃，主管機關核准之前跟我說，你是實際的經營者，一定要改任董事長或總經理，否則不讓公司上市。我說能不能改任執行長？他說不行，因為在台灣，執行長沒有法定地位，如果公司違法，關不到我。不得已，我才擔任董事長。

從—故—事—中—得—到—啟—發

退居老二的智慧

我的合夥人心胸非常寬大，很早就了解，引進好的領導人、夥伴，自己退居老二不會不好。他很早就有這樣的觀念。

二十多年來，在實際執行上，其實老大、老二並沒有差別，到底是執行董事大，還是總經理大，沒有分得很清楚，同仁也只知道我們各司其職，並沒有差別。

達成目標才重要，退居老二也無妨

當老大或老二，並沒有太大差異，差的只是一個頭銜而已。甚至連薪水都沒有差別，或差異甚小。讓夥伴在老大的位子上衝鋒陷陣，我覺得一點也不吃虧。

即使某些情況下，權力有點差異，但**權力越大，責任也越大，等於壓力越大**。因此，沒必要為了爭取些許權力，讓自己花太多心思，甚至把夥伴關係弄僵。

就是因為我體會到這個「老二哲學」：**在公司經營的領域，頭銜不重要，達成目標才重要**。所以，只要能達成公司的營運目標，我認為，自己退居老二沒有關係。

有人會擔心退居老二以後，決策權不在自己手上。但以我的經驗，**只要相處得好，溝通順暢的話，重要決策對方還是會尊重你的意見。互相尊重，就能運作得十分順暢。**

樂當老二，顧全大局

當你新創了一家公司，有時候投資人、策略股東入了股，會想要派人來協助你經營。很多人對此會感到抗拒，覺得大權旁落。其實跳到比較高的層次來看，如果他派的人能力在你之上，你就有學習機會。當老二並沒有壞處。

創業要成功，最重要的是找到好夥伴與資金，以大局為重。如果退居老二能夠促成此事，何樂不為？

很多人在意頭銜問題，其實一點也不重要，即使掛了總經理，談吐不像個總經理，未必會受人尊敬。我輔導過一家新創公司，見面的時候來了三個人，一個是CEO、一個CTO、另一個也是某個CXO，問他們公司到底幾個人，結果只有三個人。公司若沒有實質成長，即使掛再高的頭銜，也沒有用。

當老二有學習空間，老大反而高處不勝寒

再者，當老二更有學習空間。創業通常需要很多構面的知識，包括財務、管理、業

務、技術、研發、製造、市場策略與行銷等等。一開始你出來創業，可能只懂其中兩個構面，當老大卻要馬上做六、七個領域的決策，大多是你不熟悉的，其實高處不勝寒。假如你就是老大，眾人以你馬首是瞻，甚至連個請教的對象都沒有，同行更不可能告訴你任何資訊。

如果策略股東願意派人來經營，等於補足了你自己不熟悉的領域，你退居老二，讓他當老大，能者多勞，對公司成長反而更有幫助。創業的目的是為了賺錢，如果讓人來領導，跟你討論，使你有學習空間，又能賺更多錢，你何必搶著當老大呢？

以友尚加入大聯大為例，大聯大本來的團隊經營得就很好，友尚加入以後，我樂意當老二，結果也不錯，比起我自己經營不會比較差，我也多出許多時間可以做自己想做的事。

創辦人的頭銜，可以解決面子問題

誠然，有時候面子問題會讓人困擾。

比方你原來是公司創辦人，擔任董事長或總經理。當引進策略股東，你退居老二擔任副總等職，會擔心面子掛不住，名片拿不出去。怎麼辦？

很簡單，你的頭銜可以掛「公司創辦人」，因為這是事實。感覺上創辦人最大，跟現任的董事長、總經理也不衝突，面子問題自然就化解了。

結論

以大局為重的老二哲學

- 如果以大局為重，讓有能者當老大，自己當老二不見得比較差。
- 有時候當老二更好，因為有人補自己的不足，截長補短，公司賺的錢變多，而且你的壓力會減輕。
- 當老二也有更多學習機會，把本來自己不熟悉的構面加以強化。如果自己當老大，同行根本不可能教你。
- 這些道理想通以後，當公司需要引進策略夥伴時，就不會因為老大老二之爭，吵得不可開交。

3 互相尊重，善意解讀，夥伴相處就不難

其實你在逃避！

我輔導過一家南部的企業，二代接班人接了爸爸的事業，因為當時公司財務危機，找了外面的人來投資，注資超過資本額的三〇％。他很感謝對方相助，給了比較多的董監事席次。

現在他卻覺得對方很囉唆，每次來都有很多意見，要許多的資料，還要改東改西。這位二代覺得很煩，很想把公司賣給他們，讓他們來經營算了。

我問他，要是他們不買怎麼辦？他說，那就把公司賣給別人。問他賣給誰，他坦承，是這些投資他公司的人的競爭者。

我說這不是恩將仇報嗎？剛剛你還說很感激這些投資人，現在卻要賣給競爭對手。可是這位二代說他不管，因為太煩了。

我直說：你是在逃避問題，不肯跟投資人好好相處。他卻不承認，還抬出爸爸媽媽，說他們看他經營得很辛苦，也同意乾脆賣掉公司算了。

我說，爸爸媽媽只是看你愁眉苦臉，勉強同意，心裡是不願意的。

我接著問他，假設你把公司賣掉了，你要去做別的事業，想不想做大？他說想。想不想上市櫃？他也說想。關鍵的問題來了，我說，到時候會不會有董監事？結果不是跟現在一樣嗎？可見你還是在逃避！他則堅持：我沒有逃避！當場相持不下，我建議他回去好好想一想。

他想了幾天，回信給我，說我看穿了他心裡沒有講出來的話，從此他願意跟董監事好好相處。現在這家公司已經上市櫃了，發展得不錯，這位二代很感謝我的輔導，每次上北部，都帶好吃的東西給我。

從故事中看見迷思

位居高位更需要換位思考

這位二代前後態度的差別，只在一念之間。本來他一直覺得大股東、董監事很囉嗦，對這些人給公司意見，總是做惡意解讀，認為動機是挑毛病。

他的迷思在於，沒有站在對方的立場思考，沒有善意解讀，其實他們的意見是為了公司好。其實只要換位思考，就不會有這麼多的情緒。

第一步：善意解讀，互相尊重

與股東相處，第一個重點是懂得善意解讀。每一件事情你從正面看，他是在幫助你，給你建議，讓公司發展更健全。從負面看，就會覺得是挑剔。

其實連最簡單的問候語，都會產生正面跟負面的解讀。旁人問一句：吃飽沒？善意解讀，他是好意關心；負面解讀，他是不是諷刺我沒錢吃飯？

可見，從自己的立場，惡意解讀股東的意見，是很容易發生的事。因此**我們要「刻**

意的」提醒自己，解讀對方的動機是善意的，從正面看，就比較容易採納對方的意見。

據經驗，同一個問題問兩個人，本來就有七〇%的意見是不同的。一旦做了這個心理建設，跟股東相處時，就能尊重對方。如果有件事情，對方已經花時間思考，做了決定，你就別再反對，不妨尊重他。

反過來說，如果你這麼做了，碰到你的權限該決定的事情，對方也會傾向尊重你。當然不是說從此不會有衝突，但就是互相尊重。

第二步：放下情緒，檢討自己

聽到不同的意見，多想一想，把對方的動機分析清楚，例如他也是大股東，沒有害公司的理由……等，就能做善意解讀，不會惡意解讀，以為對方提意見是挑你的毛病。

有了善意解讀的基礎，你就能放下情緒，檢討自己。比方剛才提到的企業二代接班人，當他轉念以後，就能客觀看待大股東、董監事提的意見到底對不對，願意想想看，會不會是自己做得不好，而不會一上來就抗拒。

尊重對方職權，才能合作愉快

在友尚公司，當初最主要兩個合夥人，我們就是以互相尊重的模式運作。有時候他做了決定，我內心的意見不同，可是我知道很難說服他。若我一定要說服，得花很多時間去想，而且他還不見得聽。

所以，通常若是他決定了，我就懶得再想，讓他負全責。我的想法是，因為他也是公司大股東，他的出發點一定是對公司好，我沒必要堅持己見。

於是我們互相尊重，他不能決定就問我，要我決定。我不能決定就問他，讓他拿主意。兩個人都不能決定，就擲銅板。

為什麼我不會因為意見不合而爭吵、生氣？憑一個思維模式：假使我確定夥伴是為公司好，就不需要多提意見，提意見不過是多爭執而已。**大原則就是尊重對方的職權範圍**。他若來問我，我就給意見，但還是請他決定，我不會堅持。這樣子雙方都省事。

更進一步，就算是我的職權範圍，也儘量尊重夥伴。例如友尚同仁的升遷與加薪，本來我可以直接決定，但因為這件事很重要，我還是跟合夥人說，我擬了一份草稿，請你拿回去看看。他拿回去三天，說不定一千個人裡面只改了三個，不影響大局，我卻藉此做到了尊重對方，讓他感覺合作愉快。

結論

善意解讀，互相尊重

◆面對經營的難題，七〇%的意見本來就不同，不要聽到不同意見就火冒三丈。
◆拉到「對公司好」的宏觀視野，就能善意解讀別人的意見，進而檢討自己。
◆尊重合夥人的職權。即使是自己的職權範圍，也不妨多尊重對方，將使彼此的合作更愉快！

4 降低期望值，更能提高行動的動力

培訓沒用？不肯加班？員工跟老闆心態不一樣！

很多老闆會派員工出去上課，接受專家的培訓，可是培訓回來以後，員工還是出了很多問題。老闆經常大為光火，說：不是都花錢派你們去接受培訓了，怎麼一點進步都沒有？還是犯錯？

某些老闆甚至會跟人資說，訓練根本沒有用，下次不要派人去了！

另一種情形是，老闆經常怪員工不夠努力，嘴上抱怨說：如果是我的話，早就加班把事情完成了，怎麼那麼久還沒弄好？

我的想法不同，比方我寫書，很多人問我為何要花這麼多時間？有人看嗎？這些時間精力為何不用來打球休閒，花在這裡值得嗎？

我則認為，寫一本書除了可以為社會帶來正面影響，也可以幫助員工自我提升。而且我並不會訂定不切實際的期望值，只要有二〇%的員工好好閱讀，其中二〇%真正看懂並採取行動，我就滿意了。因為這個心態，讓我有動力堅持，至今已完成超過六十萬字的著作。

從一故一事一中一看一見一迷一思

設定過高的期望，以為員工都是老闆

許多老闆的迷思在於，首先，事前過度高估培訓的效果；後來看到培訓成果不如預期，又武斷地説培訓完全沒用。這些想法都太過極端。

第二個迷思是，以為員工都是老闆，去培訓一定拚命學，百分之百吸收；以為員工做事也跟老闆一樣拚，會自動加班。殊不知員工的心態跟老闆是不一樣的，這樣的期望值，設定得實在太高了！

至於我，則是一開始就降低期望值。例如寫書，只要看到它帶來一點點好的效益，我就有動力長期堅持下去。

培訓不是立竿見影，主管請先降低期望值

無論你的角色是老闆或主管，當你要推動一件事，請先降低「期望值」。意思是不要對屬下的成果，抱有「不切實際」的期待，需要先打個折扣。

我的意思並不是說，主管不必要求品質與績效；而是避免「期望越高，失望越大」的負面效應。**以培訓來說，有些主管一開始看到效果不如預期，就把整個培訓方案都輕易放棄掉，扼殺了員工成長與公司進步的機會，這是很可惜的。**

派員接受培訓，影響成果的因素很多。往往培訓的內容很好，但是員工的吸收沒那麼快，很多效益是慢慢顯現，不是現學現賣，立即就能套用。即使員工有所進步，也要一段時間才能看得出來。

另外，有些主管的觀念是，辛辛苦苦培訓人才，或許他們不會認真學習，也可能會離職，主管就不想培訓。會有這種心態，是因為他們把期望值訂得太高。我認為培訓只要二〇％同仁認真學習，其中二〇％留下來，把所學認真應用到公司，我就願意去做。

推動多一小步服務，應為員工設定合理目標

同樣地，推動多一小步服務，我不會期待員工的服務態度，在推動的初期就通通改變，更不會因為某些人不改變，就早早放棄。我認為每一波的改善計畫，只要改變一〇％，我就滿意了，這樣就能鼓舞自己持續去推動。時間一長，日積月累，多一小步服務就變成企業的文化。

因此我也建議當老闆或主管的朋友，有時你們心裡會怪員工不夠努力，其實是把員工當成了老闆，對他們存有不切實際的期望。換個方式想，員工是領薪水的，努力程度能達到老闆的七〇％就不錯了。有了這種心理建設與期望值，就不會經常責罵屬下，反而有助於團隊的工作氣氛與效率的提升。

拓展人脈，正面回應有二〇％就值得去做

降低期望值的觀念，不只對老闆和主管有用，其實每個人都是如此。人的心理是很奇怪的，採取一個行動以後，即使有一些效果，但是成功比例不高，我們就很容易全盤放棄，跟身邊的人說：哎，做這件事都沒用啦！

其實我們忘了，**認真統計下來，一項行動計畫，可能有二〇%是成功的！可是我們的大腦，卻自動放大另外八〇%的失敗，認為這個行動沒有用，以致放棄。這時候，降低期望值，會幫助我們提升動力。**

比方說，在一場聚會之後，你發Line、簡訊、mail給遇到的人，回應的比率可能只有二〇%。如果你心裡的期望是發出訊息以後，對方通通都要回應，那你根本不會去發，因為你心裡很清楚，這個目標一定達不到。然而，如果你預設只要有二〇%的人回覆，就賺到了，你就會更有動力去發訊息，積極建立人脈。

開發客戶，不期待高成功率，更能堅持到底

同樣地，我們應該如何解讀「開發客戶的成功率」呢？公司經常會提出行動計畫，調出業務進行客訪、電訪的報告，或整理有機會接觸的對象，包括過去有交易，但最近一年未交易的名單；買過一次就不買的名單；工業區、黃頁的名單；外界公會、協會的名單等等，因為來源甚廣，有時可能多達一千家。

在這一千家當中，恐怕有許多家已經倒了，或是狀況不佳，不可能成交。如果你檢視了前一百家，這些資料都沒有用，你可能會放棄，但這是錯的！只要堅持下去，你往往會發現，好機會藏在後段的資料當中，說不定成交一兩家，你就夠本了。

換句話說，整理客戶資料或進行客戶開發，不要放棄得太早。一開始期待「高成功率」，你可能很快就做不下去。但**把期望值放低一點，在一千筆資料中，只要抓出三十家、五十家有用的客戶資料就滿意，你就會有動力去做，進而抓到成交的契機。**

結論

降低期望值，提升行動力

◆無論你的角色是老闆或主管，當你要推動一個行動方案，請先降低「期望值」。

◆有些主管看到員工執行不如預期，錯估形勢，把整個行動方案都輕易放棄掉，這是很可惜的。

◆員工是領薪水的，跟老闆的心態一開始就不同。老闆或主管做好心理建設，降低期望值，工作氣氛才會更愉快，效率也可望提升。

◆ 不僅是主管，個人也是如此。當我們採取行動時，經常放大八〇%至九〇%的失敗，認為做這些事沒有用，早早放棄；卻忘了一〇%至二〇%會成功，以致喪失了機會。

◆ 要克服這種失敗主義的心態，一個好方法就是降低期望值，如果有少許成功案例你就滿意，你就會有動力繼續做下去，直到成功。

5 不要小看簽核單：創造聯想、行動與機會教育的寶貴教材

簽一張出差單，多做四個動作！

公司引進一條新代理產品線，為了掌握該產品線在中國的發展潛力，某事業群主管派一位FAE（Field Application Engineer，應用工程師）甲君去中國華南出差，出差申請單最後簽到我這裡，上面寫著：出差時間兩星期，任務是拜訪新產品線所服務的二十五家客戶。

然而，FAE多半具有技術專業背景，我又知道甲君不只懂技術，還了解公司現有產品線的所有概況。因此我聯想到，甲君這一次出差，除了推廣、調查這個新產品線以外，應該還有能力行銷公司其他舊產品線給客戶。

於是我接連做了四個動作：

1.首先，我特別叮嚀甲君的主管，請他一定要轉告甲君，去拜訪客戶時，除了推廣新代理的產品線之外，也要連帶把公司的舊產品線行銷給客戶。同時，並安排甲君多拜訪兩個重要客戶。

2.其次，我特地又打電話給甲君，問他是否已經從主管處收到我所交辦的任務？並再度提醒他這次任務的重要性，請他回來以後要向我報告。

3.接著，為協助甲君順利達成任務，我還打電話到深圳辦公室，特別交代中國區的主管，請他協助，務必讓甲君達成行銷其他產品的目標。

4.多安排一場培訓。由於甲君的技術底子很好，我特別交代中國區主管和甲君，請甲君為中國區的FAE進行培訓。

為什麼要做這四個動作呢？

從一故一事一中一得一到一啟一發

一張簽核單衍生出多元聯想和行動計畫

當主管看到一張簽核單，最常見的迷思就是當作行政流程，不做思考就草草簽名，失去了簽核的意義。

其實簽核是多元聯想的機會，在這個故事中，我就從一張出差單聯想到許多層面。此外還有一項啟發是，聯想之後，必須有後續的行動計畫，才能確保衍生的新任務順利完成，讓員工出差的效益更高。

簽核單：主管的重要警訊和機會教育的契機

每一張簽核單都是重要警訊，它是機會教育的契機，而非用來讓主管表現權力的機制。每家公司都會依據事件的重要性，設立核決權限表，再根據核決權限表設計簽核表單，簽核表單通常超過三十種，分事務、分層由不同階層主管把關。

很多主管將簽核視為權力的表徵，當他們掌握了核不核准的權力，可能就高高在上或百般刁難。另一種常見狀況是主管老是敷衍了事，或當橡皮圖章，這些作為都是錯誤觀念所導致。

其實簽核表單的意義在於提供重要警訊。**公司營運繁忙，每天都有眾多事件在發生，如果沒有簽核作為警訊，主管就像矇著眼睛一樣，不知道自己部門發生什麼事。**所以當簽核警訊出現時，就是主管該深入了解，並進行機會教育的契機；當然，主管也有協助屬下通關的義務。

所謂機會教育，就是透過簽核程序，讓主管看到、想到平常沒有注意到的事情，運用眼前的表單作為教材，教導屬下每個環節應該注意或修正的事項。因為這是屬下親身經辦的工作，這樣的「機會教育」也會讓他們印象深刻，不容易再犯同樣的錯。

因此，**主管簽核表單絕對不要只看表面，而應該藉機會深入了解問題，一併處理背後的周邊問題及根本問題，才是主管正確的態度。**

簽核的進行，以產生「行動」為目標

簽核非單純簽核，貴在創造多元的聯想動作。**當主管運用表單進行簽核，應該從**

「提醒」、「加值」的角度出發，去聯想許多可以讓公司營運加分的行動，讓相關流程更順暢，而非只是單純「控管」。甚至，公司在設計表單的時候，都應該考量這一點，在簽名欄旁邊預留空白欄，讓主管將建議、提醒或交代事項寫於其上。

回到剛才我簽核出差單的例子，就做了以下的多元聯想動作：

1. **讓出差同仁發揮最大邊際效益：我想到甲君不僅了解新產品線，也熟悉公司的舊產品線，有能力同時行銷給客戶。甚至，還能多安排兩家重要客戶的拜訪，並培訓當地的FAE。**但是如果我不去交辦的話，甲君只會向客戶推銷新產品，因為這是主管指派他出差的主要目的。
2. **任務指派要有一貫性：**派甲君去行銷新產品的人是他的直屬主管，我不能跳過這一層，直接指派甲君同時行銷其他產品線，會讓甲君無所適從。正確做法一定是先知會甲君的直屬主管。
3. **要確認任務交辦正確且及時：**為了確定新任務確實已交辦給甲君無誤，我需要跟甲君本人再次確認。

4.**強調新任務的重要性：**我以董事長的身分，親自叮嚀甲君務必達成任務，回來還要回報結果，展現出我對此事的重視。

5.**聯想到任務執行的困難，事先鋪路：**甲君位階不高，出差到異地可能沒有同仁協助，所以我親自打電話請深圳高階主管乙君支援他。在此要特別提出，**打一通電話，對高階主管來說只是舉手之勞，大約只花三分鐘，對於屬下後續的業務推展卻大有幫助！**

結論可以這樣說，所有的**簽核不是主管「權限」的表徵，而是一種提醒，讓相關主管趁簽核的機會進行聯想。而且不只是聯想而已，簽核的進行，更應該以產生「行動」為目標。**

解讀簽核單的背後問題，先聯想，再簽核

每一張簽核單都有背後的問題，應該思考它連動的相關事項後，再進行簽核，而不是只看「費用」。比如，當客戶要求的樣品項目很多，雖然費用比較高，但也很可能表

示未來潛力較大，主管不該只是簽核「可不可」，而應該聯想到安排合適的人員前往拜訪，了解客戶的實力。

又譬如，有一批貨的毛利低於標準，要主管簽核放行，也不只是准不准的問題，要思考背後的原因，是成本有問題？競爭者在拋售？或為了留住潛力客戶？還是有其他的交易條件？甚至進一步聯想，我們如何利用這個機會，延伸出最大的業務效益？

同樣的道理，無論看到樣品單、出差單、加班單、額度申請單、新客戶建檔單、出貨單、請購單……等，主管都要養成舉一反三的聯想力。**不要急著簽核！應該做完聯想動作之後，才能放行。**

如果遇到急件，不得已，可以先做較迅速的評估，以決定是否核准，但後來還是要回頭把多元聯想的工作做完。**如果先放行，因為事情很忙，很容易忘記，請主管用便利貼或電子表單做紀錄，提醒自己，一定要把聯想的動作完成。**

結論

主管要具備舉一反三的表單聯想力

◆簽核不是主管「權限」的表徵，而是一種提醒，讓相關主管趁簽核的機會，進行聯想讓營運加分的行動。

◆身為主管，必須把所有的簽核單當作「警訊」，提醒自己應該多關心一下這件事，思考簽單背後的問題，透過全盤考量或多元聯想來提高決策效益。

◆簽核的進行，應該以產生「行動」為目標。聯想之後要配合行動，才能落實。

◆有時簽核程序會讓主管看到平常沒有注意的事情，剛好可以運用眼前的表單作為教材，教導屬下應該注意或修正的事項，這是最有效的機會教育。

◆不要急著簽核！應該做完聯想之後，才能放行。即使遇到急件先放行，也要回頭把聯想的動作完成。

6 合理懷疑內、外部意見，不輕率照單全收

騎兵渡河，冒進必失

一位騎兵團長帶兵作戰，遇到一條河，不曉得水有多深，也不知道部隊的馬是否過得了河。團長東張西望，發現一個小孩子在田裡玩泥巴，看起來像是當地人。團長猜測，當地人一定知道水有多深，就去問那個孩子：你覺得我的馬能過河嗎？

小孩看了一下馬，不假思索地回答：應該可以！沒問題呀。騎兵團長立刻下令，大軍開拔過河，結果渡河不到一半，馬匹已經死了三分之一，士兵紛紛狼狽地逃上岸來。

團長很生氣，回來質問那個孩子：你怎麼說我的馬能過河？你看，死了這麼多！為什麼要告訴我假的情報？你是不是奸細？

結果，那孩子天真地說：我怎麼知道？我看到這裡的野鴨子，腿短短的都能過河，你的馬腿那麼長，應該沒問題呀！怎麼會過不了河呢？

從一故一事一中一得一到一啟一發

對未知領域，須察驗並徵詢第二、第三意見

這個故事的迷思在於，領導者聽到一個意見後，沒有追根究柢，太過輕信外人。有時外人的意見未必是故意欺騙，只是觀察的角度不對，以謬誤的推理導出錯誤的結果，就像那個孩子不知道鴨子會划水，還以為水很淺。

給我們的啟發則是，對於一項意見，需要自己察驗，例如派一兩名騎兵去測測水的深淺，或是多找幾個人詢問，徵詢第二、第三意見等。騎兵團長卻沒有這樣做，輕信孩子的說法，孤注一擲強行渡河，最後造成重大的損失。

高度不同的意見，不可輕率地照單全收

有時主管考慮在公司引進一項制度，或做重大決策時，會詢問屬下的意見。廣徵意見不是不對，但對於這些意見都要自己察驗。

一個常見的情形是，主管一說要引進新制，屬下隨即反映：不行！這行不通。主管常會因為得到負面的答案，以致裹足不前。其實，屬下可能是從他的立場，怕麻煩、怕改變，或是由於本位主義，新制對他的權益有損，而找一些冠冕堂皇的理由反對。主管必須要察驗、分辨，哪些反對意見是真的有理，哪些只是藉口罷了。

有時屬下未必有私心，提出反對也是為公司著想，但即使如此，也不是屬下說不，主管就得全盤接受。為什麼？因為視野和高度不同。屬下可能只看到一個部門的執行困難，或是局部的損失，卻不了解主管的決策，其實對公司的大戰略是有利的。

所以，**主管對於屬下的意見必須斟酌，不是百分之百照單全收，因為他們的立場跟主管是不一樣的，甚至往往是對立的。**

外部資訊應合理懷疑，先分析再應用

當主管得到外部的資訊，可能會加以應用。例如得到一項外來的情報，某項貨品緊缺，決定擴大生產。或是去上了某個課程，覺得其中提到的案例跟自己的公司有點像，就想把別人的方法與制度，立即套用在自己的環境中。

然而在應用之前，都必須合理懷疑，追根究柢，多問兩句：真的嗎？為什麼？外來情報未必為真，有時候是假情報，有時別人隨口說說，不過是片面的觀察，並沒有統計數據的支持，有可能是錯的。所以在採信之前，一定要弄清楚，消息來源可靠嗎？有證據支持嗎？對方為什麼要告訴我這項情報？即使對方是可信的，他對這項情報的查核是確實的嗎？

要在公司套用一個方法或制度，同樣也要經歷評估與分析的過程。不管是外面上課聽來的，或是顧問建議的，在執行前不妨經過各部門幹部討論，對利弊得失做一些分析；如果有些疑慮，也可以回頭再詢問顧問，他為何評估這個做法可行？理由何在？

這跟前面講的「不輕信屬下意見」，並不衝突，而是一種平衡的做法。**既然主管對於自己屬下的意見都需要察驗，對外部意見當然應該同等對待，而非一味相信外來的和尚會唸經，對外部的意見，不經評估就直接採納。**

新制不宜貿然全面實施，先小規模測試，及早發現隱患

一項大型專案執行前，可能需要小規模試行，看看有無意想不到的問題。公司制度的改變也一樣，需要分段試行。雖然總體目標仍然不變，改革的決心也不變，但新制實行中有些變數，還是難以事前掌握，這時就需要分段試行。

貿然全面實施新制，萬一有大的隱患，事先沒有想到，就可能遽然蒙受重大的損失。就像在海面上看冰山，只看到表面，不知道底下的體積有好幾倍大，到了最後，恐怕會像鐵達尼號一樣撞山沉沒。

領導人切忌太過自信，一下子就全體總動員，強行出擊。**對於一項新制或大型專案，不能只看正面的利多，也要留意負面的影響，可考慮從某些部門開始，先做小規模試驗，如有必要，再逐步修正。**直到試行順利，有了把握，再全面實施。

結論

內部與外部意見都要察驗，甚至需要小規模試行

◆屬下的視野、高度與主管不同，主管在採納其意見之前，需要自行察驗，而非不假思索，照單全收。謹記，屬下的立場跟主管是不一樣的，甚至往往是對立的。

◆對外部意見也應該同等對待，加以察驗，或跟幹部討論，而非一味相信外來的和尚會唸經。

◆對於一項新制或大型專案，需要考量正反兩面，不宜貿然全面實施，可先進行小規模測試，及早發現隱患。

7 懂加減也要懂乘除，要綜合考量才做決策

省了運費，失去更多？

友尚在大陸設有許多據點，某次業務會議中，大陸內地的同仁就抱怨：大陸據點每週只能進貨一次，客戶的下單時間一旦錯過了，就只能等到下一個星期，經常會造成客戶不悅。而且隨著市場競爭越來越激烈，這些小地方服務不佳，還可能有失去客戶的風險。

我詢問管理部，為何會有這種現象？他們回答：整合大陸各地需求後，計算成本，認為每週「出／進貨」一次才是最符合成本效益的。比方說，上海統一每週從香港進貨一次，運費、報關費等直接成本才會最省。

我回應，這種只管直接成本的算法，等於是「只會加減，不會乘除」。其實，乘除的影響往往更大！

管理部一開始還不明白，我進一步解釋，意思是，客戶端或其他方面所衍生的間接

損失，很可能比省一點運費、報關費要嚴重得多了！

於是，我請管理部門整理出所有直接成本、間接機會成本與可能損失，甚至衍生出的各種問題。例如，一週只進一次貨，太慢了，可能造成客戶取消訂單、產生爭議、要求我方賠償、失去長期客戶等損失；從客戶下單到實際出貨的時間拖長，可能提高貨品跌價風險與匯兌損失；進貨太慢導致業務同仁不便，也會降低業務員的開發意願，不利於拓展市場……等。

經過加減乘除，完整考量與分析之後，管理部決定將「出／進貨」改為每週兩次，如果有例外情形，還可以臨時追加。此一做法廣受好評，從而提升了大陸據點的業績。

從─故─事─中─看─見─迷─思

本位主義的單方面思考，導致公司因小失大

這個故事中的迷思，是管理部門只從運費、報關費「單方面思考」，節省了直接成本，沒有想到一週只進一次貨，衍生的間接損失或許更高。

這也可能跟本位主義有關，例如省了運費有利於達成管理部的KPI（Key Performance Indicator，關鍵績效指標），一週只「出／進貨」一次對管理部比較省事等，讓他們下意識不去思考間接損失的問題。

省了小錢，可能失去大錢，主管要縱觀全局懂加減乘除

省了一點運費，可能造成更大的損失或失去商機。碰到這種情形，主管要從全局抓出問題。當底下的部門有本位主義，一味地節省直接成本，主管必須導正觀念，甚至在獎勵制度上做調整，鼓勵同仁進一步思考間接損失與衍生的問題。

另一個類似的狀況是人力與薪資成本，當大環境不好，業績下滑，主管直接的想法就是縮編業務人力，以節省成本。這時候要先思考衍生問題，人力過於精簡，是否使部門無法持續開發新客戶？是否必須放棄某些區域市場的開拓？是否讓某些產品被擱置，無法推廣？是否因裁員造成人心惶惶，優秀人才出走？

「損失商機」的潛在成本可能是最高的，因此，**該投資的還是要投資，為了眼前省**

一個人三、五萬的薪水，因而喪失未來更大、更久遠的成長動能，才真的得不償失。等到中長期的商機又出現，說不定還要重新聘僱人員，付出更多的重置成本代價，比如招募、培訓、適應的時間成本等。

另外就是補人的時候，要用沒經驗的新人，還是薪資稍高而較具經驗的資深者？**錯誤的觀念是單單著眼於薪資成本，誰便宜就用誰；正確的做法是從工作屬性評估所需人力，以最適當的規格為準。**

其實所有事情，無論是用人、總務與運貨、交際費的編列等等，凡事都需要加減乘除，全局思考後再做決定。

樣品、公關費與間接支援人員的編制，都要綜合考量

曾有同仁為了節省樣品費的支出，無論如何都要等拿到供應商的免費樣品，才提供給客戶。他們卻沒有想到，為了免費樣品等太久，可能延遲了客戶下單的時間，甚至影響對方的意願，說不定還會轉向別家去採購。

正確的做法是，綜合考量該客戶未來的商機是大還是小？樣品費多少？做成這筆生

意的話，能否帶來其他衍生效益？思考之後，或許你會發現，付一點樣品費趕快送樣才是最有利的。

公關費也一樣，某些公司為了節省成本，將看似跟業績不直接相關的交際費用全數刪除，這是殺雞取卵的做法。為了省一點公關費，斷絕所有跟外界的人情往來，只是讓短期的數字漂亮罷了；長期來看，關係不如人，業務機會就比別人小，勢必會影響未來的業績！

裁掉間接支援人員的編制也是一樣，例如技術支援或處理客訴的人員，當公司需要撙節，因為覺得他們沒有直接產值，有可能優先砍掉。卻沒有想到，當客戶需要的時候，缺少這些人員會帶來很大的影響，甚至導致客戶流失。可見，當主管進行任何裁撤的決定，都必須綜合考量才行。

處理庫存的綜合考量思維，不拖延，不惜售

面對庫存的處理方式，也會帶來很大的影響。曾有人為了讓本月的報表好看，將應該處理的庫存挪到下個月，甚至更晚再清。這時候要綜合考量，你手上產品的性質是什

麼？以科技產品來說，都有一定的生命週期，一旦市場的時價開始往下走，通常都很難再漲回來。**越晚處理，你所面臨的利息損失、跌價損失就會越大，甚至讓庫存真的變成賣不掉的死貨！這種情況下，就應該斷然及早出清。**

也有人太過在意「產品單價」，為了帳面好看而惜售，因為售出的單價高，「看起來」庫存出清的利潤就高。然而，可以出得起高單價採購的客戶，通常需求量小，結果就會變成慢慢等、慢慢賣。如前所述，這樣做風險也大，因為科技產品的價格隨時可能下跌，甚至崩跌。

其實，應該綜合考量其他做法，不是只做「清庫存」的單方面思考。比方說，遇到需求量大的客戶，經過精算之後，可以考慮用比較便宜的時價賣出。此時，因為需求量大，我方不只出清庫存，還可以把握時機，跟供應商談一個具競爭力的價格，操作「快進快出」，再進一批貨賣給這家客戶。結果，**雖然庫存產品的銷售「單價」較低，但加上快進快出，售出的總數量很大，反而可能使整體獲利極大化！同時，本來因庫存而承擔的跌價風險，也一併化解掉了，可說一舉兩得。**

結論

開源重於節流，主管要縱觀全局，有形無形因素應一併考量

◆面對屬下一味節省成本的思維，主管要適當地導正，眼光要長遠，該投資就要投資，記得「開源」比「節流」更重要。

◆無論是人員薪資、運費、樣品費、公關費、間接支援人員的編制等，都不能只考慮直接成本，而要納入間接成本、業務的性質，甚至可能爭取的商機一併考量。

◆面對庫存，處理的「時機」很重要，不要為了維持單價而一味惜售，反而因此承擔風險。應該考慮各種可能性，包括用時價售出、大量的快進快出等，爭取整體獲利極大化。

◆綜合性的思考，需要懂加減也要懂乘除，應用領域很廣，不僅管理部門需要考量，業務等其他部門也是一樣。

◆實際評估時，不僅要考慮直接與間接成本，還包括短、中、長期的效益比較，甚至有形、無形的周邊影響評估，才能得到最佳的方案。

8 半民主式的獨裁：允許小修正，但大方向不變

過度民主，成不了事

有一次，一位企業界的老闆跟我打球聊天，他說很羨慕我現在的狀況，因為我加入了大聯大控股，不必插手太多的日常運作，公司也成長得很好，還有更多時間做自己喜歡的分享志業。

他說，他也曾經想找幾家志同道合的企業來組個控股公司，一起打群架。但他多次跟公司幾個幹部討論，大部分的幹部都持反對意見，覺得目前公司運作良好，沒有必要組控股公司。討論了幾次後不了了之，後來乾脆放棄了這個構想。但他仍覺得這個方向是對的，不明白為什麼幹部都反對。

這讓我想起另一個朋友，也是老闆。他跟我聊到ERP（Enterprise Resource Planning，企業資源規劃）系統的問題，經過我的解說，他充分了解ERP在管理上的

重要性，也認同如果他的公司要進一步發展，的確需要換ERP了。但後來跟幹部討論，大家都覺得現在系統也還OK，不急著換系統，後來也就打消了更新為ERP系統的念頭。

從故事中看見迷思

上司和下屬的視野、高度不同，難有交集

這兩位朋友都犯了同樣的錯誤，就是過度民主，很重視幹部的意見，想採用共識做決策。但往往一個很好的念頭，卻被其他意見左右，導致猶疑不決或放棄，殊為可惜。

另外，他們也都有一個共同的迷思，就是忘了他們跟屬下幹部的立場不同，想法也不同；高度不同，視野也不同，本來就很難有交集。

同時他們也不了解，幹部容易因為安於現狀，或因為既得利益，受限本位主義的思維，而影響了他們的建言。

高度不夠高者的意見不值得參考

對於一個攸關公司未來的重要計畫，尤其是以前沒做過的「變革計畫」，它需要更多前瞻性的思維。如果過去沒有相關經驗，或思維高度不夠高的同仁，就無法給出正確的意見，甚至會持相反意見，因為他們看不出變革的價值，就覺得沒有必要性。**領導者要了解高度不同，視野不同，觀點自然不一樣，所以不要期望不同高度的幹部有一致性的想法。**

因此這類變革計畫，只能與夥伴或核心幹部共同商議，最好參考高度更高者的意見。過度廣泛民主，意見必然分歧，很難有交集。

安於現狀是多數人的本性

大多數的人都是喜歡活在舒適圈，不想做太多改變。**安於現狀本來就是多數人的本性，但領導者卻「必須」有居安思危、不滿於現狀的思維，正好是一百八十度相反。**

如果當初我去問幹部要不要換ＥＲＰ，我相信大多數人會說現在的系統用得很習慣，也還不錯，沒有絕對必要換系統。因為他們害怕要花時間學習新系統，更不確定會不會更好用。

同樣的，如果當初我去問幹部，他們對於加入大聯大控股有何意見？我相信他們也會覺得友尚是亞太區第二大電子零件通路商，也活得滿好的，實在看不出其必要性。這是因為他們不了解加入控股有什麼好處，也擔心不同領導者會改變原來的組織，自己的位置也可能不保，更擔心組織／文化／管理……等適應上的問題。

只要了解一般人大多有安於現狀的本性，做重要決策時就不容易受其影響。

本位主義作祟，既得利益者為反對而反對

有很多計畫，未來對公司會帶來正面的影響，幹部同仁也明白其實是對的。偏偏執行新計畫時，會影響到他們的既得利益，可能是增加工作，或更換工作性質，或影響到工時、工作地點、獎金……，因此很容易為反對而反對，提出一些似是而非的意見。

如果**與幹部溝通意見前，事先沙盤推演，了解可能影響了哪些既得利益者，適當提出一些補償的方案，就有利於得到正面的支持**。

勇於變革的半民主式獨裁，心有定見後，再說服幹部

好的獨裁領導者具有前瞻性，擇善固執去執行很多新計畫，並勇於變革。這種領導方式若看準方向，將讓公司不斷地成長，成為卓越的公司。但這類領導者必須有把握，自己的資訊來源夠充分，判斷標準夠理性客觀，以免流於剛愎自用，導致失敗。

也有許多領導者崇尚民主式管理，做任何決定都希望是共識決。但過度民主，一方面，屬下的意見不是全部都值得採納；另一方面意見太多，無從做決定，只好下次或下下次再討論，最後也可能不了了之。

我個人採取折衷的方式，我稱它為**「半民主式的獨裁」，先與高度夠高者討論，決定大致的策略之後，再找幹部討論**。在討論時，其實是在說服他們接受，當然也接納意見的小修正，但大方向絕對不會改變。這樣也做到了尊重，算是一半民主。

搬開石頭，不要成為擋路者

領導者在執行新計畫或變革時，如果碰到一些石頭，就是反對或不配合的人，不要被石頭影響而阻礙了前進。**為了達成目標，要去克服路上的小石頭，必要時還得把擋路者搬開，換人來執行。**

從幹部或同仁的角度看，公司執行新計畫時，當事者要儘量配合，不要不知不覺成為擋路者，最後可能失去飯碗而不自知。

結論

高度不同，視野不同，擺脫安於現狀者的羈絆

- ◆領導者要了解高度不同，視野不同，觀點也不一樣。因此一項變革計畫，只能與核心幹部討論，甚至參考視野更高者的意見。
- ◆安於現狀本來就是多數人的本性，但領導者卻「必須」有居安思危、不滿於現狀的思維，正好是一百八十度相反。
- ◆破解部分幹部為既得利益提出似是而非的意見，帶風向反對變革，一個方法是先做沙盤推演，提出一些補償方案，取得共識與支持。

◆可考慮半民主式的獨裁，先跟高度夠高者討論出策略。其後不是完全不與幹部討論，可予以適當的尊重，但只接受小修正，大方向絕對不變。

9 應用二八法則：時間管理，效率更高

煩惱的老闆

我有一位朋友是企業的負責人，有一陣子我發現他非常忙，看起來很疲倦，跟我聚餐的時候，心不在焉，連飯都沒吃完，就要提前告辭了。

後來我找個機會，問他怎麼回事？他抱怨說，公司員工擴編到兩百人以後，他就忙得不得了，許多事情需要他處理。然後他好奇地問我，你的公司營業額破千億，員工也上千人，你反而不像我這麼忙，為什麼？

我仔細問他，發現他大小事通通管，大小會議都要參加，當然時間不夠用。

從一故一事一中一看一見一迷一思

事必躬親，未排出事務優先順序

這一位領導者的迷思，是他事必躬親，沒有授權，導致非常的忙碌。

他不懂得授權，可能是因為他不了解二八法則，沒有排出事務的優先順序，就無法分層負責把事情交給別人，也無法刪減不重要的事務。

重視二八法則，修正工作時間估比

無論是老闆、主管或員工，都需要把八〇%的時間用在二〇%最重要的事務。因為一般來說，挑出二〇%最重要的事務，妥善處理，就能解決八〇%的問題，並創造八〇%的價值。這就是二八法則。

二八法則的應用，首重時間分配，必須下定決心改善。首先，要了解自己過去的時間佔比，將你過去的工作紀錄、行事曆或記憶加以檢視，進行統計，看看自己每天花在各類事務的時間佔比，並決定哪些是重要事務。

接著，更重要的是修正時間佔比。每天二十四小時或工作時數八到十小時是固定的，**唯有砍掉一些不必要的事，或減少較不重要事務的時間佔比，才能增加時間到重要的事務上。**

例如，原來內部會議時間佔比是三〇%，減少十五%內部會議的時間，就能增加十五%的客戶拜訪時間。或原來佔比三〇%的消遣、打哈哈、上網時間，將它砍掉二〇%，才能調整出十五%的時間做未來事務的規劃，並增加五%與員工心談的時間，依此類推。

每個人對重要的二〇%事務，可能有各自的定義，在各階段也會有不同的重要事務。因此每隔一段時間，就該重新調整時間佔比，以達到時間運用最佳化。

八〇%時間分配到二〇%重要的客戶及產品線

不管是產品供應商或客戶，對於同類型的往來對象，往往工作流程都是一樣的。

小客戶跟大客戶的交易流程類似，花的時間也差不多。例如：送樣品、Design-in、報價、交貨，到後面的售後服務，流程都一樣。反而小客戶更囉嗦，因為他們可能不懂流程，讓業務員花更多時間解釋，造成時間的浪費。

同樣地，對於供應商或產品線，無論業績貢獻度的大小，流程也都是一樣的。可見，將時間運用在業績貢獻度大的對象，效益肯定較高。**所以要好好去檢視，是否把有限的時間，集中到創造大筆業績的二〇%重要對象身上。**

每天根據二八法則重排行事曆

至於行事曆，同樣應該根據時間管理的原則來分配。建議你，把接下來幾週的行事曆調出來，根據你篩選出的二〇%重要對象，重新調整，把行事曆的行程優先排給這些對象。

另外，雖然已經排定往後幾週的行程，但如果有重要客戶、供應商要拜訪，或更要緊的事件需安排，就必須根據二八法則重新挪動，將更優先的事務安插進來。

有時行程難以挪動，卻有優先事務要安插，可以活用「擠」時間的技巧。往前一點早一點上班，往後一點晚一點下班，或午餐、宵夜時間都在考慮之列。洽公的地點也可以配合供應商與客戶，隨機應變在餐廳、球場、轉運航站……等進行。**每天需要根據**

二八法則重排行事曆，妥善安排時間地點，不要一成不變。

用二八法則調整開會方式

建議你，也要重新檢視會議紀錄，看看哪些重要會議一定要參加，哪些可以不參加，哪些會議可以減少或合併開。**會議時間也可以縮短，或利用零碎時間，不要佔據黃金時段。**

會議的人數也要檢討，仔細思考後，說不定你會發現，某個固定會議常常找來八到十個人，其實只要三到五個人就夠了。或者事前找二〇%的人討論，把一些前置作業做完，全部人開會的時間就能大大縮短。**對於會議，應該考量多少人參加是最合適的，不要浪費資源。**

會議也可以分段進行。有時候，前半段的確需要召集許多人；但討論或布達完之後，後半段只要留少數人就好，其他人就可以回去工作。或者相反，等前半段討論差不多了，在後半段再加入其他人。整體的效率自然提升。

結論

善用二八法則＝效率＝賺錢

◆以上這些方法，都跟時間分配的二八法則相關，主要關鍵就是：

1.調整工作的時間佔比。

2.根據二八法則重排行事曆。

3.更有效率地安排會議。

◆活用這些方法，公司同仁的時間運用效率就能大大提升。時間就是金錢，妥善分配時間，提升效率，就會賺更多錢。

10 應用二八法則：客戶／產品管理，績效提升

總經理轉來的客訴

總經理某一天問他屬下的主管，他的朋友是公司的客戶，某次聚餐提到公司服務不好，交貨很慢。對方反應以後，公司的業務員也不太積極。這是怎麼回事？

主管回答說，我們先前已經報價，我交給底下的業務員去處理，要再查一下。總經理問，為何交給底下的人？主管回應，根據交易紀錄，這家以前的採購量很少，而且買幾次就不買了，所以他就沒有參與後續的報價與服務流程。

總經理告訴這位主管，這家其實是競爭對手的大客戶，好不容易下單，我們怎麼沒有花時間特別服務呢？於是總經理帶著主管重新去拜訪，最後做成了大筆的生意。

從一故一事一中一看一見一迷一思

用過去交易紀錄篩選客戶，容易錯失商機

故事中主管的迷思，第一是沒有重視新的需求，對於新進的客戶並沒有進一步去了解，就交給屬下處理。

第二，他忽略掉有些潛力客戶，從公司過去的交易紀錄是看不出來的。只看表面數據，自以為已經掌握了二〇％的重要工作，就漏掉了大魚。

以二八法則篩選客戶，先弄清潛力客戶定義

一般認為潛力客戶的定義，是依過去的購買金額或淨利大小。其實對於客戶潛力的分級，它是其中一個指標，但還不夠。

潛力客戶不單單是用現成的生意去看，而是要加上未來的潛力。包括有小額交易過，或完全沒有交易過的客戶，都可能潛力很大！

基本上，只要看客戶的資本額及營業額，加上與自己的產品的交集度，以及客戶在

該領域的地位，就能判斷其潛力。資本額大，就能做很多生意。而營業額如果大，即使資本額不大，表示客戶信用好，可以跟銀行借到很多錢，或該客戶現金流是正向的，這也很好。

客戶既然有很大的資本額、營業額，通常都需要買大量的產品或原料，跟商業潛力一定是成正比的。

應用二八法則，篩選既有客戶

釐清定義之後，根據二八法則，要先準備客戶的交易紀錄，按照過去貢獻度的高低，再加上未來的潛力，將客戶分為Ａ、Ｂ、Ｃ級。

所謂貢獻度，可能是營業額、毛利額、淨利額，也可能是特殊意義的貢獻，例如客戶採購前瞻性的新產品等等，雖然金額不大，但意義重大。

對於占了大部分貢獻度，前二〇%的A級客戶，要專人服務，甚至派遣比較優秀的業務人員來服務這些ＶＩＰ級的客戶，因為他們是公司的衣食父母。公司的組織、人員、服務態度、服務流程，都需要因應這二〇％的客戶來進行調整。

貢獻度低的八〇%客戶，還要按潛力篩選一次

但另外八〇%的客戶，也不代表就沒有潛力。在這些客戶當中，說不定有的過去買了一兩次，然後停止購買，這些也可能是潛力客戶。

潛力客戶沒有產生大業績的原因有很多，也許是因為供應不順、規格不合、品質不佳、業務員不積極、服務不好或當時的價錢不合，所以對方買了一兩次就停止了，但不代表他們一定沒有潛力。

這種情況下，可以根據前面分析過的「潛力客戶定義」重新篩選一次，說不定在這些客戶中，又可以透過二八法則，找出二〇%最有潛力的客戶。

別忘了外面的大魚，陌生客戶也要篩選

不只是曾經交易過的客戶，外面的陌生客戶也很重要！所以要根據產業排行、營業額、資本額或其他指標，來篩選沒接觸過的客戶，而不是只看已經成交過的客戶。

如果評估他們有潛力的話，更要花時間，派最優秀的服務人員去攻下客戶；或者是設定目標，給予特別獎金，加派一位經理去服務這些潛力客戶，也許就能把成交的機會挖掘出來。

當然，為了真正落實執行，對於經過篩選的潛力客戶，跟它相關的大小事務，包括決策、服務流程、拜訪等，老闆或高階主管需要親自參與，掌握狀況，才能創造最佳的成果。

將二八法則應用於產品

產品線與產品也一樣，例如公司代理許多供應商的產品線，或是自己生產的產品，可能由二〇%的品項，創造了八〇%的業績。其他的品項貢獻度很小。

所謂重要的二〇%產品線或產品，除了根據過去的營收金額、毛利額、淨利額貢獻八〇%的紀錄作篩選外，更要將未來市場的潛力納入考量。

所以要好好去檢視，篩選出重要的二〇%，並將資源及心力集中到這些產品線及產品身上。其中，貢獻度太低的可能要割愛；不能割愛就另作安排，例如交給低階人員，分層負責。

將二八法則應用於原料供應商

原料供應商的情況也一樣，二〇%的供應商占了八〇%的採購金額。當然，除了依據採購金額進行評估之外，也要將關鍵零組件單獨另外考量，同時將交貨品質也列入考量因素中。

所篩選出來的重要原料供應商，應該將他們當夥伴（Partner）來看待，給予更好的交易條件，不要一味地壓榨他們。請記得，這些供應商是來幫你賺錢的。

結論

篩選前二〇%重要對象，老闆要親力親為

◆綜合來看，公司有必要篩選出前二〇%的潛力客戶／產品／產品線／供應商。

◆接著，無論人才面、資金面、財務面、設備面或其他，都應該分配八〇%的公司資源，給前二〇%的重要對象。

◆以潛力客戶來說，不能只看過去購買金額、淨利，也要分析客戶的產業排行、營業額、資本額，以及與公司產品的交集度等，要考慮的面向很多。

◆建議老闆與高階主管親身參與篩選會議，避免低階主管誤解定義，造成不對的篩選。同時因為親自參與，更有權適當分配資源，以便配合。

11 掌握二〇%重要事務，管理變輕鬆

打球看手機的老闆

某一次我跟朋友打球，發現他根本沒辦法專心，一直按手機。我心裡暗暗好笑，本來他打得比我好，這一次恐怕要輸了。

最後，那天打球我贏了，不過不能每次都趁人之危，靠這種方法贏球，我就問他，為什麼那麼忙？他說煩死了，公司的大小事都得他來核決，員工才三、五十人就忙得不可開交。

他反問我，你公司員工上千人，又有那麼多部門與分公司，為何反而沒那麼忙？我回答，因為權力已經按照核決權限，讓主管分層負責，只有重要事情才會送到我這裡來。這樣做，不只對老闆個人有好處，公司的效率也會提升。

從故事中看見迷思

有效授權，才有餘裕專注要務

這位老闆的迷思，第一，是沒有隨著公司規模變大，而改變他的作業模式。第二，是他的權力沒有下放，可能沒有給底下主管核決的權限，所以任何事情都得問他。

善用二八法則授權，分層負責

如果一位高階主管懂得二八法則，就會把大部分核決權下放，多出來的時間，還可以掌握重點，花更多時間關心最重要的事務。

對於高階主管來說，八〇%的簽核，應該由第一層小主管核決完畢，只有二〇%上報到第二層；同樣地，第二層事務的八〇%，也由第二層小主管解決完，剩下二〇%才報到第三層；接著第三層、第四層，依此類推。

如果這樣分層負責，高階主管就等於抓住了關鍵事務。那麼，對於這些關鍵事務，就要高度關注，幫助它的推動，經常與業務人員檢討這些事務，決定要不要提供策略上的支持，甚至與它有關的會議都要參加。

總經理、副總或協理最需要這樣做，分層負責，很多事情在底下會被小主管解決掉，高階主管便可以單單負責最重要的部分。

人才的進用和培訓，必定屬於前二〇%重要事務

進用與培訓人才很重要，以二八法則來說，必定屬於前二〇%的重要事務。遺憾的是，許多老闆把大部分時間花在處理事情上，沒有把好的人才招募進來，或是進來以後沒有妥善培育、照顧、輔導，反而讓自己忙得要死。

以我個人為例，就決心在人才上花時間。我本人往下三階的副總、處級部門主管，甚至公關與總機等職位，因為影響公司對外形象，我都花很多時間親自面試。人進來以後，更要花許多時間輔導和培育。

當然，若人選眾多，面試可以用一些學經歷來設定基本門檻，或是授權人資部門先做一般性的篩選。不過要注意，透過面試甄選人才，是高階主管前二〇%的要務，除了

一般性的篩選外，正式的面談還是需要高階主管親自投入。

只要把人的事情處理好，人才就能幫公司把事情做好。

庫存、應收帳款、專案管理也有二八法則

二八法則也可以幫助老闆或主管「掌握重點」。例如，**八〇%的庫存呆料，其實來自於二〇%的問題品項，把它們好好解決，大部分問題就解決了。**

公司若有逾期的應收帳款沒有收回，八〇%的逾收帳款，往往來自二〇%的客戶。所以你在檢視的時候，一定要優先把欠最多錢的二〇%客戶處理完。

大公司通常會開發許多應用程式，或設計許多表單，其中八〇%幾乎沒有人使用，就需要淘汰，以免浪費人力與時間。

公司可能有許多專案要開發，高階主管對專案投入的時間、資源與人力，不應該平均分配，而是看看該專案開發完成以後，會不會有很大的市場，**該專案是否會成為能賺進大筆利潤的「前二〇%」重要案子？如果是，就要投入比較多的資源與時間。**以上都是掌握重點的原則。

留二〇%時間與資源，做未來的規劃

最後是未來規劃。許多老闆或高階主管，通常把所有時間用於現在的急事，很少思考下一季、明年、三年後、甚至五年後的事情，但這些規劃很有必要，需保留二〇%的時間思考未來的發展。**不只是時間，包括系統、產品與產品線、研發所需的資源等，都要撥出二〇%替未來發展做準備。**

必要時，老闆還得提供額外的編制，甚至成立新的部門，做未來發展相關的規劃與開發。

投入二〇%資源、時間、額外編制給未來，往往相當值得。或許幾年後，公司八〇%的營收都要靠它！

結論

公司規模越大，二八法則的應用面越廣

◆ 領導者要能洞悉前二〇％的重要事務，並且充分授權，將其他事務的核決權下放給主管們，自己就能空出時間來專注要務。

◆ 進用優秀人才，並培養、輔導人才成長，絕對是重要的二〇％任務，必須重視。

◆ 而在人資、庫存、專案、未來規劃等許多領域，也可以應用二八法則，掌握重點，使公司經營更上軌道。

12 例外管理：不為五％錯誤的人，耗損九五％的好人

親自管理樣品的老闆

我曾經遇過一位同行，身為老闆，連產品簡介資料與樣品數量都要親自簽核、控管。我問他為什麼這麼累？應該交辦下去，由業務員或經理層級管理才對呀！

他對我說，你不知道，以前我們的業務員拿了樣品就去分送給親友，根本沒有幫公司做生意。所以我決定嚴格管制，全部都由我自己控管。

從故事中看見迷思

事必躬親，錯失商機而不自知

這個故事的迷思是因噎廢食。老闆不相信底下的主管，忙死自己，導致效率降

低。而且業務是不等人的，不讓底下的業務員加快腳步對外送樣品，反而卡在老闆的簽核流程，將使公司喪失非常多的生意機會。

不為五%錯誤的人，制定對九五%好人不方便的規定

公司經常會遇到一些錯誤的人，做了錯事，讓公司蒙受損失或困擾。無論是客戶不付款造成呆帳、員工私吞樣品、上班打卡作弊、老是遲到……類似的大大小小狀況難免會發生，關鍵是主管如何因應。

例如，為了防範五%經常遲到的員工，某些公司制定了麻煩的打卡制度，規定所有人都要配合。結果往往是習慣遲到的人繼續遲到，並沒有改變，反而給平常準時上班的同仁添麻煩。

其實，只要針對五%遲到的人，訂定「例外管理」的機制，比方讓主管特別去關切，經常稽核即可。

建議你，**不要因為五%錯誤的人、事、物，制定讓九五%的好人不方便的規定。**

要隨時檢討不合時宜，讓人不方便的規定

某些麻煩的規範，是因為從前的時空背景與環境限制，才需要制定，我們應該隨時因應新的環境而調整。例如飯店業提供WiFi服務，經常在大廳登入要一組密碼，房間登入又要另一組密碼，當顧客搞不清楚，又要派員去服務，協助客人登入。其實以前需要密碼，是因為過去WiFi很貴，要跟顧客收錢。現在頻寬成本很低，已經全面免費，就可以不必再用密碼管制，造成顧客與員工的麻煩。

可能有人擔心，這樣會被非住房客人偷用，這時就要衡量利弊得失。精算之後，也許你會發現，即使有幾個人偷用，也不會每天來，對飯店的頻寬影響不大，甚至其影響程度遠低於五％。反而用密碼管制造成的不方便，會浪費更多人力，甚至影響客戶的心情與入住意願，更划不來。

為五％錯誤的人不敢授權分工，得不償失

當主管授權給同仁，他們犯了錯，又把權力收回來。這個做法看似合理，其實不然。因為把權力收回，也就意味著把工作「買單回來」，幫屬下做他本來該做的事，反而讓主管疲於奔命，無法承擔更重要的任務。

正確的做法正相反，主管應該允許屬下犯錯，做錯了再發回修正。每次修正都是機會教育，讓屬下每次進步一點點，直到他能夠獨當一面為止。先花費時間，把人訓練起來，之後才能真正節省時間。

也許有人會問，某些人就是扶不起的阿斗，怎麼辦？其實**一直犯錯、帶來困擾的人，可能只占五%。主管為了五%「錯誤的人」，一再把工作收回來，卡住了自己寶貴的時間與公司的發展，可謂得不償失。**

然而，若是主管勇於授權分工，那些練不起來的五%，該怎麼處理呢？其中某些人或許有特殊的狀況，要換個方式輔導與訓練，讓他們成為可造之材。如果還是不行，就要考慮淘汰，而非主管一直跳下去補屬下的漏洞。

不要一朝被蛇咬，十年怕草繩，導致不敢信賴人

因為遇到五%的錯誤，可能局限了不少人的想法。很多人因過去有合夥失敗經驗，或者擔心過度，一想到合夥，就想到合夥人捲款潛逃、溝通不良的案例，內心怕得很，

讓他們不敢與人合夥做生意。其實他們是不懂得尊重合夥人，或不會妥善與合夥人規範權利義務而已，合夥並沒有這麼難。然而，當他們一朝被蛇咬而拒絕合夥，卻可能讓公司難以擴張，失去了發展的空間。

又或者，有些主管被悉心栽培的屬下背叛，離職後反咬一口，從此再也不信任屬下，也不想培育他們，這是錯的。

人們經常因為一次的失敗，就自行腦補，延伸認為未來同樣的嘗試都會失敗，其實未必如此！建議你不要因為一個特例，扼殺了自己與公司發展的機會。

遇到負面的例外，當作上輩子欠人家的

對人也是一樣，我們對一百個人好，也許有五個人不領情、反咬你一口，但因此否定其他九十五個正向回應的好人，不是很可惜嗎？就人際與業界經驗統計下來，我們可以很肯定地說，**如果你因為一些負面的特例，決定不再對人友善，反而會損失更多正面互動的機會。**

萬一真的碰到了，當作上輩子或上上輩子欠人家的，就不會因為這樣因噎廢食。

結論

不要為了防弊，喪失更多興利的契機

◆建議你，不要因為五％錯誤的人、事、物，制定讓九五％的好人不方便的規定。應該針對製造錯誤的人，訂定「例外管理」的機制才對。

◆某些麻煩的規定，是因為從前的時空背景與環境限制，才需要制定，我們應該隨時因應新的環境而調整，才能創造更大的效益。

◆一直犯錯、帶來困擾的人，可能只占五％。主管為了五％「錯誤的人」，一再把工作收回來，卡住了自己與公司的發展，可謂得不償失。

◆人們經常因為一次的失敗、遭人背叛等，就自行腦補，延伸認為未來同樣的嘗試都會失敗，其實未必如此！

◆把負面的五％狀況當成全部，一朝被蛇咬就裹足不前，決定不再對人友善，一定會損失更多正面互動的契機。相反地，敞開心胸，就不會因噎廢食。

13 變通管理：原則下必有例外，制度是活的

曾經，公司面試一位人才，我覺得他的條件很不錯，但他要求的待遇不符合公司「現有」的架構。

這種情形並不常見，可能是因為這個人過去的表現非常優異，或他以前任職的公司規模大、薪資高，於是跟我們公司「同等資歷」的人相比，這位人才所要求的薪資明顯偏高。

挖角的兩難

碰到這種情形，人資不敢決定。就我而言，我認為若能進用這位人才，對公司會帶來很大的幫助；他的能力，也確實在公司同等資歷的人才之上，我認為值得挖角。

最後我採取的變通方法，是不抬高薪資，但發放「離職補償金」給他，並應允日後表現優異再為他調薪。算是在不破壞現有制度的條件下，用「例外」的方式聘用這位人

才。雖然達到了目的，我內心卻覺得有點猶豫，我這樣做，是不是帶頭違反自己訂下的薪資制度呢？

從—故—事—中—得—到—啟—發

「活的」管理，不讓制度阻礙公司發展

這個故事的迷思在於，連我身為老闆，心態上都難免被制度給綁住。後來我聽了管理大師的演講，他談到「管理似水，水無常形」，強調「活的」管理；制度是留給一般人遵循的，老闆則是破壞制度的開創者。聽了他的話，我才放下心來。

從這些經驗我獲得啟發，制度是死的，碰到問題要及時找出方法突破，不然就失掉機會，甚至可能阻礙公司的發展。

儘量不破壞制度，必要時可例外管理

從剛才的故事延伸，面對公司需要的人才，但要求「破格」的薪資，我是用表面上沒有破壞制度的「離職補償金」處理。

比方公司同等資歷的人月薪五萬，他要求六萬，我還是給他五萬，但給他一筆十二萬的離職金，補足第一年的月薪差額，等於補償他放棄原公司既有福利的損失。到了第二年，再按照他的績效進行調薪，只要他的表現優異，調高薪資就很自然，不至於破壞公司的薪資體制。

在可行的範圍內，**領導者尊重現有的制度，儘量不破壞它，但用變通方法因應特殊的需求，我認為是可以的。**

為了公司整體發展，有時也需要超越制度的魄力

當然，未必所有情況，都能用「不破壞制度」的方式處理。我讀過何飛鵬先生的一篇文章〈主管的兩難抉擇：沒有差別待遇，人才不來〉，提到他曾經碰到兩個很不錯的人才，一個跟公司內原有的人同等資歷，但要求兩倍薪資；另一個編輯的問題不在薪資，而是他只願意在家上班。

何飛鵬猶豫很久，要不要請他們進來？因為條件差太遠了，而且這兩個案例都會明顯地破壞現有制度，想掩蓋也掩蓋不了。最後他決定，還是破格把這兩個人聘請進來，最後獲得成功，因為這兩位特殊的優秀人才加入，讓公司整體業績提升，反而大家薪水都提高了，公司也照顧到更多的人。

何飛鵬的結論是，作為領導者，不能因為制度局限而放棄變革，如果遇到特殊狀況，即使破壞制度也在所不惜。我的看法與他相近，**破格不是容易做的決定，但如果做過評估，從公司整體發展考量，有時確實需要拿出「超越制度」的魄力。**

如有必要，制度仍可朝令夕改

當你宣布一項新制度或規定，實際執行的時候，許多人反映不方便、不太合理，讓你收到許多負面回饋，你會怎麼做？

我經常提三星集團改變上班時間的例子，身為領導者，如果對改革經過深思熟慮，下定決心，確實不應該因為底下的人有些意見，就輕言放棄。

但這邊提到的是另外一種情形，就是當制度發布後，發現窒礙難行，你自己檢討後，也覺得一開始想得不夠周全，好像應該改；但是身為領導者，心裡害怕「朝令夕改」讓權威受損，又覺得不該立即收回。

這種害怕「影響權威」的想法是錯的，應該實事求是。當你想出更好的方法，或同仁提出更好的意見，為什麼不能改？**如果更改你發布的制度，是為了提出優於現狀的方案，就不要為了樹立權威而拒絕修改。**

老闆是制度的破壞者及創造者

某些制度的形成，是由從前的時空背景與環境限制而來，到了今天，很可能成為阻礙效率提升的絆腳石。因此對於制度，應該隨時因應新的環境而調整。

謹記，老闆是制定制度，或是核可制度的人；但遇到問題，老闆也是第一個可以修改制度的人。因為下面的人一般不太敢改，即使發現問題也不敢反映；所以，**企業領導人要有意識地檢視公司的制度，經過評估，若確實不合時宜，就要有魄力地修正。**

制度的設計最好留但書

制度與規定公告時，要加備註，可能視執行狀況隨時修正。也可以事先宣布，預計每三個月、半年或每年修正一次。如此一來，當你後來要發布修改，就順理成章，不會給人自打嘴巴的印象。

尤其業績獎金的相關規定，因為業績狀況在快速變動，捉摸不定，可能經常需要修改。但既得利益者會抗拒修改，一旦「定死」了發放某個比例的獎金，當公司需要把獎金比例調低，往往會引發反彈。所以要加註「可能調整」或「年底會調整」的但書，業務員就比較不會寄望明年也是同樣的獎金比例。即使你做了調整，他們心理的抗拒感也會小一些。

結論

制度是活的，可隨時修改，積極尋求方法解決問題

- ◆制度是活的，領導者尊重現有的制度，儘量不破壞它，但用變通方法因應特殊的需求，我認為是可以的。
- ◆破壞制度不是不行，當你做過評估，從公司整體發展考量，有時確實需要拿出「超越制度」的魄力。
- ◆如果更改你發布的制度，是為了提出優於現狀的方案，就不要為了樹立權威而拒絕修改。
- ◆企業領導人要有意識地檢視公司的制度，經過評估，若確實不合時宜，就要有魄力地修正。
- ◆制度與規定公告時，要加上備註，說明可能視執行狀況隨時修正，替未來的修改預留空間。

14 不倚賴祕書，親自邀約和排定行程，增進交流溫度

祕書指揮老闆？

我有個朋友是企業的老闆，我和他有時候會一起吃飯，或者在某些場合碰面。但是看到他的出席狀況，常常類似蜻蜓點水，說要趕第二攤就先走了。

有一次他跟我吃飯也是如此，本來我想說吃到八點或九點，有些事情後面再討論，可是時間一到八點，他就說他要先走，正事都還沒談就要離開了。

我問他為什麼一定要先走？他說，我也不知道，反正祕書幫我排了下一個行程。問他下一個行程真的很重要嗎？他說其實也還好，但是就已經排進去了，也不能說不去。

同一天，我遇到另一個老闆也是這樣。我跟他打球的時候談到一件重要的事，當面問他，什麼時候可以再見面詳談？他卻不能回答，因為他的行程要問祕書。

從故事中看見迷思

行程全由祕書排定，輕重緩急誰決定？

很多老闆會有這樣的迷思，本來祕書只是協助的角色，久而久之，卻變成由祕書來排行程，老闆是照著祕書的行程在走，並不是根據自己的行程在走。

老闆過度依賴祕書，無形中放棄了決定權

老闆過度依賴祕書到一個地步，甚至自己根本不記得有哪些行程，也不知道為何要安排，結果在不知不覺中，老闆的行程變成被祕書控制。

有時候企業規模越大，老闆越容易有這樣的情況。即使當面見到他要約行程，他自己都不敢決定，要回去問祕書，生怕祕書已經幫他排了某些行程。結果，遇到比較重要的邀約，老闆反而無法當下決定是否赴約。然而這樣做，卻造成許多問題。

想想看，其實祕書未必認識老闆要見的人，更不知道事情的輕重緩急。祕書也不清楚會面時間應該排一個鐘頭或是兩個鐘頭，不知道某項行程的重要性是否優於另一個行程。祕書只是看著行事曆，有空檔就把行程放進去，每個行程平均一兩個小時，就像填空一樣塞滿。這絕對不是老闆有效運用時間的方式。

自己決定行程，更精準、省時

以我為例，我的行程都是自己控制。如果別人跟我約，我認為重要的就插進去，不重要的就挪開。無論某個行程需要兩個小時或三個小時，我都會留足夠的時間。因為祕書不知道輕重緩急，往往會排得太短，或排太長都有可能，還不如自己控制。

因為老闆最清楚事情的輕重緩急，自己決定行程，就能確保最重要的行程優先排，時間也抓得更精準。

有人以為行程請祕書安排可以省時間，實際上不見得。比方一個行程進來，祕書就得問你要不要去。假如要搭飛機，可能有三班可以選擇，祕書又得請示你；有時候三班都不合適，你又要吩咐祕書去問旅行社，來回好幾趟。

如果你自己處理行程，你知道你想要什麼樣的時間，旅行社就可以馬上決定了。**比起你自己直接決定，讓祕書來來回回請示，其實不會節省時間。**

親自邀約，對方會備感尊重，感受到人與人的溫度

再者，碰到重要的邀約，請祕書去跟對方的祕書約時間，對方很容易拒絕，因為關係隔了一層。但如果邀約是老闆自己安排，**親自去敲定行程，對方就感受到溫度與親切感，不好意思拒絕了。**

即使你不是親自致電，透過信件與Line也一樣，自己寫一封信去約，都是比較有禮貌的，達到的效果也不同。

如果真的沒有時間自己寫信，不妨請祕書擬稿，你修改之後，再用自己的信箱或手機發出去，且寄一份副本給祕書，效果也很好。

自己決定行程，讓祕書放入行事曆並提醒

老闆自己決定行程後，再往下延伸，就有祕書的工作了。

以我來說，通常我決定行程之後，會告訴祕書，請他放入行事曆。這份行事曆可以幫助我核對行程，不會出錯。同時，隨著我的決定，後面可能有一些細節要交辦，例如

出席某個場合要祕書準備哪些資料給我，這些事項就在放入行事曆的時候交辦即可。

有了行事曆記錄行程後，祕書也可以在某個行程快到的時候，定時提醒我接下來有哪一件事要做。

換句話說，**老闆要掌控自己的行程。但不是不用祕書，而是界定祕書的任務在於幫忙處理細節，並且定時提醒。**

排定行事曆的方法

自己排行程要有方法。如果要約見面的時間，我通常會查閱行事曆來決定，告訴對方我有兩三個選項，同時在行事曆上對這兩三個時間點做一個記號。等到對方回覆，我再把不用的一兩個拿掉。

這樣做的好處是，對我來說，我已經預留了時間，不會重複安排活動。此外，我給了對方兩三個選項，對方容易安排。如果我們只給對方一個時間，他萬一有事就不容易約成，提供兩三個時間，成功的機會就比較大了。

宴客名單、座位安排更要自己處理

宴客要決定名單與座位安排，更需要老闆親自處理。千萬不要一句話丟給祕書，恐怕會惹出許多麻煩。

宴客要請哪些人？如何安排座位？通常祕書是幫不上忙的。因為這些重要人物之間有沒有過節，哪些人談得來，哪些人不對盤，都是老闆自己最清楚。一開始老闆就親自參與，會省很多時間，而且不出錯。除非賓客人數太多，才考慮由了解狀況的主管分層負責。

當中還有許多細節要留意，甚至連有人缺席，位子應該如何遞補，老闆都得自己決定，否則一個不小心，弄成「仇人相見，分外眼紅」的場面，那就得罪人了。

結論

自己決定行程，祕書處理細節

◆活用工具，把行事曆掌握在自己手上，就不必事事問祕書。

◆行程要由老闆自己決定，按照輕重緩急安排。像宴客名單、座位安排等重要事務，道理也相同。

◆祕書的工作不是幫忙排行程，而是老闆決定行程後，再由祕書處理細節，並定時提醒。

第二章

人才與組織

15 看不見的競爭力：重視與人相關的事，也重視感受

大事小事怎麼分？

在友尚，我規定公司進行空間分配或座位調整，最後公布之前，一定要把資料給我看過。對外購併也一樣，舉例來說，某一次談定跟A公司的合併後，我就請高階主管L去拜訪A公司總經理，徵詢辦公室搬遷與座位安排的意見，然後回報給我。

主管L很驚訝，問我說：「我知道您很注重授權，有時候連上億的訂單都不需要經過您看，為什麼連這種小事您都要管？」

我說，這是對方的「感受」問題，而不是單純的座位安排。友尚在這方面有沒有尊重被購併的一方，對後續磨合的作業與整體戰鬥力有很大的影響，絕對不是小事。

同一天下午，我面試一位即將跳槽到友尚，能力很強的高階經理人，也印證了「感受」之重要。

當時我問他，你在前一家公司的職位與薪資都不錯，為什麼會離開？他回答：「去年我的爸爸過世，告別式上，所有高階主管一個都沒來，我覺得很沒面子。從此我看到這些人就有氣。假如我到您的公司，老實說，只要是他們的客戶，我看到一個就搶一個。」

沒有出席告別式，竟然導致公司流失很有能力的高階人才。我聽了暗暗吃驚，跟人的「感受」有關的事，實在是大事！

從一故一事一中一得一到一啟一發

同仁的感受，對公司影響甚鉅

這個故事的啟發是，原來座位安排與婚喪禮慶如此重要，甚至可能影響購併的成敗，或是人才的流動。因為這些事跟人的感受有關。

許多人覺得婚喪禮慶不重要，把它的重要性擺在公司其他事務之下，輕忽以對，沒想到因為同仁的面子問題、感受不佳等因素，反而造成更大的問題，甚至公司的重大損失！

跟人相關的一定是大事

跟人有關的事很多，從一個新人接受面試，進入試用期，有沒有人關心他？再到人才的培訓、心談、輔導，每年的考核、薪資紅利等，都是大事。甚至，當同仁有所表現，且公司發展有需要時，是否要升遷？從最高階的董事長、總經理，到各階層主管，接班的計畫是什麼？公司組織調整，如何配合策略與市場變遷來布局？都十分關鍵！

凡此種種都跟人有關，也都是非常複雜的大事，應該撥出時間，把優先順序放在前面。這些，都是屬於主管前二〇%的重要工作。

關乎人的感受，看似小事，也是大事

在企業裡，一個很大的迷思，就是沒有看重同仁的「感受」。對於業務、開會等等，企業總當成大事，至於座位安排、婚喪禮慶這類的事情，卻認為是小事，交給行政部去安排，老闆一概不管。

這種做法很有問題，因為行政部通常只是照章行事。比方某層樓空間很多，連處長級都分配到個人辦公室。更高階的協理必須跟老闆在同一層樓，但因為空間有限，反而沒有辦公室可用。這時候，協理的內心一定會不舒服。依照ＳＯＰ（Standard Operation Procedure，標準作業流程），行政部可能沒有錯，卻忽略了人的感受。面對這些情況，有時老闆需要親自審核，才能做得更周延。

更細微的，像公司同仁之間發生小口角，或部門之間因為某個案子不愉快，甚至沒有吵架，只是有些耳語流傳。**這些事，主管可能覺得是小細節，一笑置之，對同仁感受影響卻很大！此時，主管就得把它們當成大事來處理。**

時時刻刻關照屬下的「心談學」

我很強調主管要與同仁「心談」，應該每隔一段時間，主動跟屬下聊一兩個小時，看他們有沒有不適應的地方？是否覺得哪裡被限制住，或是覺得能力無法發揮？有沒有什麼困擾？

主管對屬下噓寒問暖，照顧屬下的需要，就叫做「心談」。所謂心談就是談心、聊家常，什麼都可以談，就是不談業績。在這種輕鬆的談心氛圍下，深入了解屬下遇到的問題，提供解決方案；或時時教導，關心他們的工作發展；當屬下情緒低落時，給予安撫，表現優異時也多予鼓勵，**唯有如此用心帶人，才能讓團隊發揮最大的綜效。**

同仁＝家人＝看不見的競爭力

管理不僅是對「事」，也要對「人」。員工或主管間的私人友誼關係，雖然看不到，卻體會得到，甚至影響深遠。

根據一項調查，六四％的工作者表示，他們最享受工作的部分，就是擁有喜歡的同仁。我們也經常看到一位優秀員工原本做得好好的，卻因為感情最好的同事離開，不久就離職了。

這些因素的威力往往超過管理者的預期，而且左右團隊的績效，這就是管理上「看不見的競爭力」。所以我在友尚總是叮嚀每一位主管，把同仁都當成家人。

自己家人的婚喪禮慶，你會不會去參加？當然會。那麼，當你身為主管，同仁的婚喪禮慶就要比照辦理。**「同仁即家人」，若真的這樣去做就會讓人感動**。當同仁看到公司主管在他們遭遇悲慟或經歷人生大事時出席致意，所感受到那份溫暖與力量，是筆墨無法形容的。

重視團隊互動，感情更融洽

當同仁加班、打拚時，你做了什麼？我在友尚經常建議主管，跟團隊成員私下互動要更有溫度、更頻繁。從最小的地方做起，當同仁加班時，可以買些點心或消夜慰勞他們，往往會讓同仁感到很窩心。

別擔心這樣做會太刻意，這就像探訪生病的家人帶水果，家人生日你會送禮物一樣。**對團隊同仁關懷的那份溫暖，只有第一線主管的付出最直接，無人可以取代！**

休閒娛樂時也一樣，我們與家人會有一起互動的時間，跟團隊成員也是如此，一起打球、出遊都是重要的互動契機。

工作團隊一起聚餐也是很好的活動，可能要分好幾圈，包括部門聚餐、處級聚餐、全公司聚餐，各人際圈有不同的出席者與聚餐形式，讓團隊的感情更融洽。高階主管的圈子，甚至可能包括球敘等形式。

當團隊成員表現優異，且時機合適的話，還可以舉辦表揚大會，甚至把他的家人都請來，讓他們備感榮耀，員工的感受就會加分。

多做一小步，給新人溫暖的感覺

對於新人的關懷，從面試的時候就開始，比方替面試者留個車位。新人第一天上班，也可以貼心地派人領他到停車位。甚至提前一天印好名片，一報到就交給他。

新人剛到陌生的環境，最需要關懷與溫暖，上班第一週，不妨安排主管或同仁陪他吃午餐。第一週請他吃便當，可能比日後請他吃大餐還要好，因為這時候他最需要。我曾經訓練過某間公司，他們更討論出自己的做法，就是同仁輪流到捷運站門口接第一天來上班的新人。如此一定讓人覺得溫暖，印象深刻。

結論

真心將同仁當家人，重視感受和與人相關的所有事

◆ 跟人有關的大事包括：面試、新人關懷，人才的培訓、心談、輔導，每年的考核、薪資紅利，還有升遷、接班、組織調整等等，都是主管前二〇%的重要工作，必須重視。

◆從排座位、婚喪禮慶到歡迎新人，許多讓人感覺溫暖的舉動，似乎是小動作，其實代表公司看重同仁的「感受」，對於團隊士氣是一大關鍵。

◆所謂「心談」，就是主管對屬下噓寒問暖，照顧屬下的需要。主管要經常安排這種談話，用心帶人，使團隊茁壯。

◆真心把同仁當作家人，以具體行動關心，出席婚喪禮慶，給他們鼓勵等等，才能在無形中培養「看不見的競爭力」。

16 最高階主管參與面試：看清人才本質又省時間

三星的故事

友尚公司剛起步的時候，所有面試都是「由上往下」，我與吳總經理親自面試。隨著公司規模擴大，我們考慮成立人資部門，把人員應徵事務交給他們專責處理。甚至考慮改用「由下往上」的方式，應徵者經過人資以及各級主管篩選後，再由我與吳總定奪。換句話說，我與吳總將節省面試所花的大量時間。

正在思考的時候，我碰巧跟韓國三星的主管談到企業用人問題。他提到三星的董事長十分重視人才，特別對於即將擔任重要幹部的同仁，他尤其關注。所以，每當有人員要晉升重要幹部，董事長都會親自面試，甚至帶著一個面相學家在旁，觀察預備晉升者的談吐、面相、性格……等。

這位董事長五十歲之後，已經不再需要面相學家，因為面相學的那一套「觀人術」

他已經了然於胸，但他仍持續不懈，親自面試每一位預備晉升的幹部。

這個故事令我們大受感動，於是我與吳總商量後，決定維持友尚原本的方式，「最高階主管親自參與面試」。其後，果然網羅了不少關鍵人才，公司的發展也蒸蒸日上。

從—故—事—中—得—到—啟—發

最高階主管親自面試，更能精準判斷人才特質

這段故事最重要的啟發，就是看重人才。三星是一家擁有數十萬員工的跨國大企業，他們的董事長尚且在人才身上花這麼多時間。友尚的人數比三星少得多，豈能不重視人才與面試呢？

而且三星董事長藉由大量的親自面試，對幹部看得多了，未來更能精準地判斷人才特質。這也是一大啟發，值得企業各階層用人單位的最高主管效法。

人是企業之本，必須放在優先順位

企業的「企」字，上面是一個人字，下面是一個止字。這是個很有趣的觀點，假使缺乏人才，企業就剩下止字而已，成為一灘死水，停滯不前。

企業成功的關鍵在於對「人」的重視。這個道理大家都懂，但是否真的徹底執行？是否真的將所有與人相關的事，放在優先順序的首位？這才是關鍵所在。

面試就是其中重要的一環。**試想，高階主管花三小時面試，找到對的人，可以在未來三年省下許多時間，效益豈非遠超過三小時的幾百倍嗎？**

重視各階層人才，效益是相乘的結果

在企業當中，職務分成不同的階層，對於工作的執行，每一階層並非獨立地運作，而是彼此相關的。高階交代一個任務下去，如果中階的能力不足，只能理解六〇%，中階交代給低階執行，低階能力不足，做出來又只有六〇%。**很明顯，最終效益是相乘的結果。**

假設企業老闆以下有三個階層，高階、中階、低階，每一階的人才都是九十分，當老闆發布任務下去，經過三階一層層交辦，〇．九乘三次，等於〇．七二九；如果每一階都是六十分，〇．六乘三次，就成為〇．二一六。**看起來每一階只差〇．三，最後的效益差距卻超過三倍，是非常驚人的。**

甚至，若中階的能力只有五十分，當高階交代給中階，他只吸收理解了一半；接著去執行，又只做對一半，最後只有二五％的效果。若經過三層，你可以想像會有多大的落差。

何況企業的階層還可能超過三層，乘數效應就會帶來更嚴重的影響。因此，每一階層的人才與面試都要重視。

關鍵人才，最高階主管要親自面試，人資主管陪同

我們提過，高階主管要找出對公司最關鍵的二〇％事務，這些事務將創造公司八〇％的績效。人才的遴選，就屬於最關鍵二〇％事務之一環。

既然人才這麼重要，就應該非常重視人才的遴選，建議人資部門做完大致的資格篩

選後，由最高階主管親自參與二〇%重要幹部的面試，通常會涵蓋往下兩三個層級。

以友尚來說，董事長以下三個層級的副總、處級部門主管，我都要親自面試。甚至公關與總機等職位，因為影響公司對外形象，面試我也親自參與。

所謂的最高階主管，未必是董事長，而是「該用人單位」的最高階，可能是董事長、總經理，也可能是副總、協理，甚至是處長、事業部主管等。

最高階主管是面試的當然參與者，可以單獨由最高主管面試，或組成小組共同面試。人資主管最好也能一路陪同，一起了解應徵者的特質，同時學習面試的技巧。

當人資主管參與其中，了解關鍵人才的特質，將有利於未來組織調整，作為調兵遣將的參考。藉由面試過程，也可能將人資主管訓練成獨當一面的閱人高手，補強高階主管的不足。

最高階主管參與面試，有助釐清應徵者本質，選對人才

最高階主管參與面試，首先，會讓應徵者感到備受尊重。此外，最大的好處是容易看清一位應徵者的「本質」，進而選對人才。

所謂本質，就是這個人老實或浮誇？積極或懶惰？ＥＱ如何？或是抗壓性、創新變革能力、問題解決能力的高低；以及學習能力、邏輯思維、團隊精神，甚至包括品德、敬業度、可塑性、責任心等面向。**我認為本質是一個人能否適任的最大關鍵**。這些本質，最高主管由於層級比較高，經驗豐富，可以看得清楚；中低階主管有時看重實際經驗或能否帶進現成生意，反而會看不清。

此外，最高主管還可以從組織整體的職缺評估應徵者，主動留才。中低階主管面試，可能自己部門用不到就會刷掉。最高主管卻能判斷，如果這個人本質不錯，也許還有哪個部門用得上他，不會讓人才輕易溜走。**即使員額已滿，還可以增額錄取，作為儲備人才。**

如果薪水談不攏，最高主管還有權限用其他方式，如紅利、股票、選擇權等，來留住人才。甚至當應徵者提出某些特殊要求，由於最高主管對公司制度比較了解，也能正確回覆。

應徵者還可能會請教公司未來藍圖，如何影響他個人的職涯發展等等。比方公司未來有何新的發展機會？是否需要外派？他若做得好，兩三年後可能擔任何種職務？對於這些問題，最高主管也更能依據公司走向，做出適切回應。

最高階主管參與面試，才能真正節省時間

很多高階主管覺得自己日理萬機，怎麼可能擠得出時間面試人才？因此大部分的人都認為，應該先由中低階主管逐級面試，挑出最後幾個人選，再讓高階主管過目，這樣最省時。

我的看法相反，在人資快速做基本篩選後，用人部門最高階主管親自面試，或者跟中階主管組成小組一起面試，反而能在短時間內精確判斷。如果覺得應徵者本質不錯，可以彈性調整，花更多時間深入了解他。最後，中階主管只要考核其專業能力，合格即可錄用，事情單純很多。

要是應徵者的本質不夠格，或不符合公司文化，最高主管可能五至十分鐘就看出來了，這人就不必再來一關關面試，反而節省公司的人力與時間成本。

這樣做，不僅讓公司擇才的決策速度加快，也不必讓應徵者跑很多趟。否則，**當各大企業求才若渴，我們還要應徵者過三關才能見到老闆，曠日廢時，真正的好人才早就**

被其他公司捷足先登了！

結論

最高階主管參與面試，更有利於選對人才

◆人是企業之本，各階層人才的優劣，對整體效益的影響是相乘的，差距驚人！因此最高階主管花時間面試，選對人才，對公司效益才是最高的。

◆對於某層級用人單位最高主管以下二到三層，也就是他轄下二〇％的關鍵人才，應由人資先做基本篩選，然後由最高主管親自參與。

◆最高主管是面試的當然參與者，可以單獨由最高主管面試，或組成小組共同面試。人資主管最好也能一路陪同，一起了解應徵者的特質，同時學習面試的技巧。

◆建議最高主管在一開始就參與，比較容易看出應徵者最重要的「本質」，幫公司篩選出最合適的人，更可活用彈性做法，主動留才。

17 最高階主管參與面試：有助人才管理與組織調整

不錯的人才，年終考核卻不佳？

有一個主管人才A君，我面試過以後，覺得他相當不錯，便交給底下的用人單位。用人單位正式錄用他之後幾個月，到了年終考核，A君的直屬主管對他的考核卻頗不理想。我覺得很意外，就找這位直屬主管來問，他聽了也有點錯愕，不知道為什麼A君的表現，會跟我的預期有如此大的落差。

我把A君找來，他卻說：「我的主管交給我的工作範圍很小，而且跟我說，只要做這些事情就好，也沒有引導我執行其他重要的任務。」我當場就明白了。

從｜故｜事｜中｜看｜見｜迷｜思

人才未能適得其所，導致大材小用

這個故事的迷思在於，直屬主管指派的工作，與A君的能力和本質不相稱，大材小用，導致他難以發揮，主管卻沒有主動去了解，進而改善。

啟發則是，因為我曾經親自面試過A君，就能注意到這件事，進而調整。

大材小用或小材大用都不對

當一個優秀的人才進入公司，主管給他的工作範圍太小，或限制他許多領域不准插手，導致他沒有空間發揮，就是「大材小用」。因為給了人才太多限制，自然發揮不出他的能力。

「小材大用」則正好相反，一個普通水準的新人剛進來，主管卻放牛吃草，告訴他「什麼都可以做」，他反而抓不到方向。像這種員工，沒那麼厲害，自主思考的能力較弱，只是因為某一塊的專業能力而獲得錄取，那麼，主管就應該給他一個特定的工作範圍，他往往能表現得不錯。

最高階主管參與面試，有雙重確認的功能

用人單位的最高階主管因為親自參與面試，花時間深入了解面試進來的人才，即使後來聽說他的考核結果不佳，也未必會馬上認定這人不行。

因為最高主管對新進人才有所了解，有機會看出以下幾種可能性：

第一、直屬主管指派的工作項目不適合他的才能，沒有做良好的安排。或是如剛才提到的大材小用，賦予的責任範圍太小。

第二、這位同仁跟他的主管不對盤，主管刻意刁難，在任務範圍上加以局限，讓他不能發揮。這時候，該做的也許不是換掉這個屬下，而是換掉他的主管。

第三、整個單位的工作性質都不適合他，這時應該考慮為他更換單位。

第四、排除其他狀況後，也可能這人真的表現不佳，需要輔導、調職甚至資遣。

這些面向，都需要最高主管親自做過面試，才能發現並加以確認。

最高階主管參與面試，掌握未來組織調整藍圖

最高階主管對於組織的調整，心中應該有一張通盤的藍圖。因為**最高主管面試過自己以下三層的重要幹部，深入了解過他們的個性、能力與本質，自然會知道哪個人應該放在哪個單位、安排何種職務，最好能與哪些人共事等等。**

於是，當組織人力有了缺口，最高主管就知道人才在哪裡，不用透過人資，就可以在腦海中找到人選。

其後，當公司有新事業要發展，或新區域主管出缺，最高主管更可以在腦海中立刻重整組織，好像下棋一樣，不但為新職位找到對的人，還可以連帶挪動其他的人員，各自安排到合適的職位，讓組織發揮最大效能。

若最高主管沒有花足夠時間自己面試人才，想調動人才必須一一問人資，或是問底下的中階主管，效率就會降低，最高主管也難以在心中建構完整的組織與人才配置。

最高階主管參與面試，可傳達文化，更可適才適用

從公司文化面，用人單位的最高階主管也能做更好的評估。**每次面試都是一次機會，向應徵者傳達公司的經營理念與文化。**最高主管對此的心得比較深，能夠很快判斷出這個人是否與公司的文化契合。

最高主管的視野宏觀，也能從應徵者的特質給予建議。比方說，應徵者具有技術背景，來應徵工程師，如果發現他的個性外向，可鼓勵他嘗試應徵業務單位的職缺。**一般而言，最高主管比較有能力說服應徵者改變原本預設立場，接受別的職務。**

最高階主管先面試，可避免低階主管嫉才的問題

從低階主管開始面試，可能陷入迷思。**比如應徵者過去的薪資高過面試的低階主管時，主管未查明真假，心中就已經有了疙瘩。**

另外，主管在聽到對方薪資的時候，通常不會想到自家公司給了許多福利，例如獎金、紅利、選擇權等等，只因為對方底薪高於自己就心生不快。結果，無論該應徵者條

件如何，低階主管都會傾向把他刷掉。

另外，低階主管若發現應徵者能力強過自己，擔心他會搶了自己的鋒頭，也可能不敢引進。這些負面狀況或偏頗心態，如果由最高主管先面試，由於沒有利害相關，比較容易避免。

結論

最高階主管參與面試，建構高效能的組織

◆最高階主管親自參與面試，可以對重要二〇％人才有所了解，方便日後雙重確認。避免好不容易面試進來的人才，因為大材小用或小材大用，無法發揮能力，績效不彰。

◆最高主管參與面試，會讓應徵者感覺備受尊重，可有效傳達公司文化，看出應徵者特質，幫助他適才適用。

◆最高主管先行面試，也能避免低階主管的心理疙瘩或弊端。

◆最後，用人單位的最高主管，對於組織未來的發展較有宏觀視野。若是他曾經親自面試，了解重要人才的特質，當組織碰到職位出缺或職務調整時，需要調兵遣將，他就能做出最佳的判斷，讓組織創造最高的效能。

18 面試與徵才，了解人才本質有方法

我的面試觀人術

友尚公司的重要職缺，我會親自面試。以下幾個例子，正好可以彼此對照。

有一回，某應徵者來應徵業務，跟我直說，他可以把老東家的客戶挖過來。我第一時間就判斷，這種人的心術不正，是不適任的。

相反地，有些人很坦率。比方我進用過一位高階主管，他在面試的時候，很自然地談到以前他爸爸在賣魚，媽媽不認識字。其實這種事沒有什麼光彩，也不需要講，我從這段面談卻觀察出，他的本質就是坦率真誠，後來我們果然合作愉快。

還有一位應徵者，原本在其他公司擔任高階主管，薪水很不錯，職位也很高。我很好奇，問他為什麼要離開？他就誠實告訴我，他會離開原公司，是因為跟上司吵架。他也說他知道錯了，未來願意調整，管理他的情緒。這當然對他是個不利因素，但我看到

的是他誠實的態度，明知道說出來會吃虧，還是老實講。

最後我經過綜合評估，覺得他的本質不錯，知錯能改，應該可以錄用。後來他果然成為友尚的重要幹部。

從｜故｜事｜中｜得｜到｜啟｜發

坦率真誠是人才重要的本質

一個常見的迷思，就是太看重一個人的專業能力，或能否帶進實際業績。其實應徵者的「本質」更要緊。

比方應徵者把老東家的客戶挖過來，當然可以馬上帶進業績，但今天他會這樣對老東家，明天也可能如此待我。進用了他，對公司的未來發展反而有害。人品出了問題，不管能力再強，本質上就不適任。

這些故事也啟發我們，坦率真誠是人才重要的本質。

專業容易培養，本質才更重要

在面試當中，主管需要用心揣摩，不僅要了解應徵者的背景、經驗、相關知識，還要觀察他的人品、脾氣、EQ、反應能力等本質。此外，如業務人員需要個性外向、具備表達能力、邏輯能力；研發人員需要坐得住；會計人員要細心等等，都屬於本質面。

為何要透過面試觀察應徵者的本質？因為任何專業知識，公司都有許多人可以傳授，某些職務甚至可以讓員工在做中學，天天接觸，很快就能學會。本質卻不然，正所謂江山易改，本性難移。

看清本質，花時間發掘軟性能力

有人認同本質很重要，卻苦於不知如何下手，覺得觀察人的本質很抽象。對此，**首先必須保留足夠時間面談**。接著，我將一般員工所需的軟性能力歸納為以下十六種，可以挑出你的徵才職缺最需要的三種，來設計問題引導。在應徵者回答的過程中，你便可以進一步觀察，判斷應徵者內心真實的反應為何。

第一種：主動積極、自我管理、獨當一面
第二種：創新變革、求新求變、改造與改善
第三種：應變能力、危機管理
第四種：情感智慧、情緒管理、人際技巧、溝通技巧
第五種：談判、說服、激勵
第六種：團隊合作、團隊精神
第七種：抗壓性、自我激勵、壓力管理
第八種：健康、身心平衡、身心安頓
第九種：誠信正直、品德
第十種：學習意願、學習能力、悟性
第十一種：系統性思考、邏輯性思維
第十二種：解決問題與決策能力
第十三種：PDCA管理循環*、專業管理、組織能力、整合能力
第十四種：任勞任怨、敬業精神

第十五種：適應能力、可塑性高、做什麼像什麼

第十六種：執行力、責任心、使命必達、執著

妥善設計問題，不要貪多，通常問一道問題可以確認二到三項能力。例如問對方：「上一次您必須在時間緊迫情形下完成工作，是什麼時候？您當時怎麼做？」就可同時了解應徵者是否具備「抗壓性、自我激勵、壓力管理」以及「應變能力、危機管理」兩種能力。

「您參與過規模最大的專案是什麼？」這種問題，則可了解應徵者是否具有「PDCA管理循環、專業管理、組織能力、整合能力」、「團隊合作、團隊精神」、甚至「系統性思考、邏輯性思維」等多種能力。

掌握漏斗提問技巧，觀察應徵者反應

然而，要達到最佳面談效果，不是單純提問就可以辨到。而是**掌握漏斗技巧，從開**

---

* 美國管理學家愛德華・戴明（Edwards Deming）提出，循環包括計畫（Plan）、執行（Do）、考核（Check）、行動（Action）四階段。

放式的問題開始，再從應徵者回答的內容中詢問各項細節。層層切入、抽絲剝繭，引導他實問實答，才能真正看出他的本質，對於某個職缺是否適任。

如何確定對方實問實答？**可以把握「情況、行動、結果」三段問法，逐步問清楚，**對於你提出的問題，他是在什麼情況下，採取什麼樣的行動，得到什麼樣的成果。仔細聆聽應徵者是否有條理地描述細節，就知道他是否說出真正的經歷，或只是具備一些相關知識而已。

主管也要留意聆聽弦外之音，或應徵者在回答時，不經意說出的經歷，與他的價值觀。我經常是從這些地方，發掘出應徵者的本質。

內部同仁本質適任，升遷自然優於挖角

如果我們把面試這一關做得很好，那麼，內部人才就是我們最重要的資源。因此，**我經常跟內部同仁心談，進一步了解他們，同時噓寒問暖，照顧屬下的需要，調整屬下的工作定位。**

我建議，經過心談與深入了解後，對於一份新的重要職缺，你發現內部同仁的功力

已達七〇%，而且工作心態也不錯，公司應該勇於拔擢，讓他在較高的職位上累積經驗，繼續成長。這樣做，團隊的士氣會更高，你也更確定所拔擢的人才，本質上是合適的。從各種面向看來，都優於對外挖角。

結論

藉面試掌握應徵者本質，重視內部人才

◆主管面試時，要仔細揣摩應徵者的本質，因為本質不容易改，專業能力反而容易培養。

◆一個人的本質不容易了解，所以更要留足夠的時間，透過漏斗提問的方法，觀察應徵者的反應，來得出結論。

◆有了優質的面試，內部同仁就是最佳的人才庫。主管需要持續面談、關心、了解、輔導內部人才。此時，內部同仁升遷，通常會優於對外挖角。

19 擇人及面試的迷思：不重視徵才，吝於花時間

我沒時間面試！

某次會議中，我問A主管：「你之前不是面試了一位求職者，底下的人也覺得不錯，為什麼還沒有錄用？」他回答：「因為第二次面試還沒進行，他的時間跟我一直無法配合，像我跟他排今天早上八點半面試，他又沒有空。」我又問A主管：「為什麼一定要跟他排八點半呢？」他說：「因為我之後還有許多重要會議，何況這又不是什麼高階的面試，不值得我為他更改行程。」

我就明白告訴A主管，我的看法不同。在我們公司，「人」的事情永遠應該排在第一順位。即使是跟我開會，如果需要面試人才，主管也可以直接跟我報告，調整會議時間或中途離席，我一定會允許。等他回來，我還會跟他說明他不在場的時候，所討論到與他相關的事情。

從故事中看見迷思

「人」的事情永遠應該排在第一順位

A主管的迷思，首先是把面試的重要性看低了，置於其他會議之下。

第二個迷思，是他對低階的面試不重視，輕率以對。

找到對的人，事情會順利解決，所以人比事重要

主管常說：「我很忙，沒有時間面試。」但是，沒有聘用好的人才，卻會讓情況越來越糟，主管只會一直忙下去。

其實只要擔任主管，每一位的工作都很忙，沒有空閒的。只有優先順序的差別，哪些事應該先辦，哪些緩辦。

那順序該怎麼排？我總是強調，處理「人」的問題，永遠應該優先於解決「事」的問題。**因為找到對的人，他自然就能幫主管解決事情。主管的時間也就能空出來，做更多策略的思考。**

低階面試不重要？大錯特錯！

很多高階主管小看了低階職務的面試，以為不必太認真，先把人補進來再說。到了試用期再觀察是否適合，不行再淘汰也不遲。

實際情況卻是，進入試用期，因為**相處之後有了交情，要嚴厲執行淘汰制非常困難。很容易產生將就的心理，讓不適任的同仁繼續試試看，造成往後許多麻煩。**

甚至到了三年後，該名應徵者可能已經準備升任單位主管，或五年後要升經理。如果那時候才發現他的特質與能力有局限，不能帶兵，升不升都為難。不升他，他的資歷已經足夠；升上去又太勉強，底下的人恐怕不會服他。因此，每一次面試無論高低階，都很重要。**切記：今日的低階員工，將是未來擔當企業大樑的基石，不可輕率以對。**

用人單位要比人資更重視徵才

有時候，用人單位會覺得，徵才是人資的事。這想法是錯的，**用人單位應該比人資更關心徵才。因為人才是自己要用的！而且用人單位最了解自己需要什麼樣的人，自己**

篩選，會比人資遴選的效果更好。反過來說，部門少了人才，產能或績效上不來，也是部門自己要負責，而非人資要負責。若是兩手一攤推給人資，吃虧的還是自己。

所以，用人單位主管應該用心在徵才的工作上，不但對人資安排的人選要認真洽談，甚至主管自己都要花時間去找人。無論透過聚會、聚餐，各種人脈與機會都要把握。就像新娘是自己要娶的，媒人只是介紹，不可能交給媒人，自己一概不管。同樣地，用人單位也該努力徵才，甚至比人資更積極才對。

切記，被動的態度等於把人才往外推！如果主管總是忙「事情」，延後進行面試，或是猶豫不決，就算應徵名單中已經有不錯的人才，也會流失！

留足夠時間面試，才能找到對的人

有些主管認為，人資已經跟應徵者談過了，他的職責只是打個招呼，不用花很多時間，反正短短談一次也很難認識一個人，不必太在意。事實正好相反，**就是因為時間短很難認識一個人，我們才要更用心，花更長的時間，設法從各種角度或提問深入觀察應徵者，才有較高機會找到對的人！**

所以面試要留足夠的時間，至少一個小時。以我自己為例，面試新人，通常會花兩三個小時對談、溝通。如果覺得不錯，甚至約談好幾次，或是如果對方有空，當天一路談下去，約他吃中餐、晚餐，甚至約打球都有可能。

面談時間不足往往會草草了事，讓主管和應徵者的認知產生落差，導致日後的人員高流動性與不適任問題。結果，縮短時間面試只省了半小時到一小時，日後處理不適任卻會花掉許多倍的時間，得不償失。

屬下比自己強，反而更有競爭力

英國學者西里爾・諾斯古德・帕金森（Cyril Northcote Parkinson）長期研究許多組織，歸納出管理學的帕金森定律。當主管面試新人，為了避免自己被取代，會傾向錄用比自己能力差的人，最後組織的人員越來越多，整體效能卻越來越差。我戲稱，這樣的組織就好像得了帕金森氏症一樣。

其實，**如果你找來比自己強的人，他馬上會成為你的得力助手，讓你的部門團隊變強，更有競爭力**。所以不要陷入組織的帕金森氏症，而是要找能補你之不足的優秀人才。

訓練十人，只留兩人也是賺到

有些人不想花太多時間面試或訓練新人，他們會想，挖別人訓練好的人才比較快。自己辛辛苦苦傳授經驗給十個人，可能八個人都跑了，只有兩個人為己所用；或是雖然留下幾個人，但大多在兩年內會離職，就覺得花時間划不來。其實這些都是迷思。

只要擔任主管職，面試與訓練新人就是你的主要工作。而且相對來說，主管多花幾個小時面談，或幾天的時間訓練，**就算十人只留下兩人，或是只用到他一兩年，都是划算的，因為逐年累積下來的人才數量仍然可觀，他們提供服務的時間遠遠超過你付出的時間。**

結論

破除擇人與面試迷思，進用優秀人才

◆解決「人」的問題，永遠應該優於解決「事」的問題。找到對的人，他自然就能幫主管解決事情。

◆低階面試也很重要，因為低階同仁逐步成長，未來可能成為公司重要的基石。

◆用人單位要比人資更重視徵才，要留足夠時間面試，因為優秀人才是堅強團隊的根本。

◆不要擔心屬下比自己強，也不要怕他跑掉而不訓練。面試、培養優秀人才，就算十個跑掉八個，逐年累積下來的人才數量仍然可觀，他們提供服務的時間遠超過你的付出！

20 了解特性，適才適所，幫屬下創造平台

發揮同仁能力的極大值

J君是一位優秀人才，待過友尚中國區，因故希望先留在台灣工作幾個月。

當時，友尚總經理跟我討論，其實J君擔任過某公司香港區的總經理，兼具業務和行銷的經驗，也具有策劃管理能力。她對公司流程、備貨和電腦系統非常熟，PowerPoint製作、資料分析與追蹤也做得很好，熱心有耐性，深具責任感。這樣的人才很多部門都需要。

因為她只留幾個月，總經理考慮了一些職務安排，包括：讓她去甲部門負責備貨；到乙部門負責電腦程式開發前的使用者訪談，並做整合；到丙部門負責營運管理資料的整合分析，輔助主管決策；或回到策略行銷部門支援。

但我認為，這些職務雖運用到她的特長，卻都是支援性質，而她的長處卻是當一個

領袖！所以，我建議讓J君回到策略行銷部門，但不是支援，而是負責分析各地或華南區新市場開發業務們的日報表，協助解決他們遇到的問題。換句話說，就是讓她成為「未開發」或「開發中」客戶的業務主管，發揮其領導長才。同時利用她在台灣短暫停留，協助訓練業務助理製作PowerPoint的技巧。後來，不過短短幾個月，就為公司帶來很大的效益。

從｜故｜事｜中｜得｜到｜啟｜發

跳脫地域性的思考，發揮同仁最大價值

J君只在台灣待幾個月，一般人會認為，組織中很難安排領導職缺給她。事實上友尚也不存在這個職缺，思來想去，好像也只能安排支援性質的工作。

而這個故事的啟發是，原本組織中不存在的領導職缺，仍可能由主管根據J君的特性「創造」出來。換句話說，就是創出一個臨時的舞台，也可以說是為同仁「創造新平台」，以便將其貢獻發揮到極大。尤其在今天，視訊與通訊都很發達，

> 「創造新平台」更不必受到辦公地點的限制，大可以跳脫地域性的思考。

了解同仁特性，擴大負責範圍，甚至創造新平台

身為主管，要經常留心檢視，找出組織中每位成員的特性。不是只有高階主管需要這樣做，每位部門主管對轄下同仁都要用心了解，知道如何用人。

每個人都一定會有他的特長，比如主動積極、具創新變革力、英文程度優異、溝通能力佳、談判能力強、邏輯思維清晰、簡報做得出色、長於系統思考與撰寫企劃等。根據成員特性，主管應該隨時隨地思考，某成員放對位置了嗎？目前是否已經賦予他適當的責任範圍？許多主管總要等到組織調整時，才認真思考人員的定位，十分可惜，如果隨時留意、調整，將更有機會發掘人才的潛力。

除了把人才放對位置外，更進一步，還需要滾動調整，觀察同仁最近是否有所成長，能否擴大或改變他負責的平台？如果讓他去挑戰一個新的位置，原本的工作是否安排他人接手？藉此，維持團隊整體的活力與成長動能。

身為主管，有時還需要具備創意力，看出目前的組織還有哪些缺口，無法滿足公司的某項重大需求，再**根據成員特性，發揮「連連看」的創造力，幫他創造出新的平台，讓公司的需求被滿足**。

例如，某位同仁十分熟悉「台灣區」的客戶事務，表現優異，但客戶範圍只能用「地區」劃分嗎？不見得。如果換個定位方式，創造新平台，讓他也負責華南區或其他地區相關的台灣客戶事務，或許他會如魚得水，公司的業績也能同步提升！

結合新人專長賦予任務，初期幫忙站台

每當聘僱一位新的同仁，或因為購併吸納新的人才，**特別是幹部級以上，主管應該在一開始就想得深遠一點，評估、定位他的職責範圍與未來發展**。

如果沒有妥善規劃，善用新人的專長，這些具備長才的幹部級同仁，將被限縮在很小的工作範圍，缺乏成就感，可能不久就萌生去意，對組織是無形的損失。

因此，對於這類新進人才，主管應該賦予他更大的權責。但這件事不是一蹴可幾，**主管可以設法在團隊中創造一個臨時任務，或選擇一項既有的短期任務，委由這位新人**

負責，藉機讓他自然地跟團隊成員互動，增進彼此的認識，加深認同感與默契。之後，當你對這位新人託付重任，他跟團隊就能同舟共濟。

比如，曾有一位B君因為購併進入友尚，他的管理經驗、專業素養及領導統御俱佳，我希望能借助他的長才對組織做出更大貢獻。於是我在賦予他更大權責之際，同時請他負責統籌友尚三十週年慶的重大活動，透過事情的互動讓他和友尚原本的同仁連結，製造機會讓大家進一步認識他、肯定他。初期我還適時在旁邊幫他站台，協助他順利銜接，如此，才讓這項組織布局於最短時間內發揮效益。

明確賦予責任範圍，擴大與縮小平台都有學問

在公司裡，權力有時來自於雞婆。我經常鼓勵友尚高階主管，在工作上發揮雞婆熱心的特性，站在公司與客戶需求的立場，多關注原本可能不屬於他的工作範圍。但事實上，這風氣的確推動不易，因為多數人為了避免工作場合的氣氛不好，會小心翼翼，避免侵犯他人的職權。

如何讓熱心的同仁有效關心工作範圍的灰色地帶，滿足客戶需求，又不會造成他人

反感，影響團隊的合作？**最好的方法，就是明確賦予同仁一個「擴大的」責任範圍，讓同仁的熱心在本分範疇內充分發揮。**

當主管發掘出某位熱心且有能力的人才，可以透過組織調整，明確賦予其職務範圍。或在部門會議中，正式對所有團隊成員布達這位同仁的職掌，讓他便於執行。**賦予的平台最好要夠大，例如直接賦予他某條產品線、某個領域或某個品項，給一個比較大的空間。**這樣同仁才能發揮所長，也會有責任感去發掘新的可能性，而不是守在一個小範圍裡。

然而，平台也不是一味地擴大。主管在賦予同仁多元發展方向的同時，需要持續觀察他的適應情況。會不會領域太廣，讓他無所適從？如果有此狀況，必要時，也要考慮縮小其工作範疇與內容，以求適才適所。

結論

主管要了解成員特性，創造適合其發揮的平台

◆每個人都一定有他的特長，身為主管不但要了解成員特性，知道怎麼用他，還要隨時隨地思考成員的定位與調整，進而擴大他挑戰的平台。甚至發揮創意，為他開創足以發揮的新平台。

◆每當聘僱一位新的同仁，或因為購併吸納新的人才，特別是幹部級以上，主管應該設法為他創造機會擔綱重要任務，並替他站台，讓他自然地與團隊成員互動，加深認同感與默契。最後就能水到渠成，賦予這位新幹部更大的權責。

◆對於組織內現有的每位同仁，主管必須清楚賦予其責任範圍，並根據人才特性提供「擴大的」平台，給每個人比較大的空間，讓同仁樂於跳出現有範圍，開發更多可能性。

◆然而，對一直無法適應「擴大的」平台的同仁，也應該依據實際狀況縮小其工作範圍，以求適才適所。

21 勇於拔擢功力已達七成的同仁，捨得淘汰不適任者

寧可懸缺也不內升？

某部門出缺了一位主管，該事業部的大主管一直沒有補人。我問他為何遇缺不補？他說還在等待向外挖角，因為尚未挖到合適的人才，所以目前懸缺。

我提起組織內部有幾個人選，功力都已經有六、七成，為何不考慮從中選才，進行內部升遷？這位大主管回答，因為內部同仁沒有人做過這項職位的相關工作，經驗不足，所以他不考慮內升。

於是我直接問他，挖角不順，他又不肯內升，拖延了不少時日，導致該部門主管一直懸缺，會不會有問題，放掉了原本可以獲利的契機呢？這位大主管不禁語塞。

從一故一事一中一看一見一迷一思

過度迷信外部挖角，忽略內部同仁成長的潛力

這個故事的迷思是，過度迷信外部挖角，或不假思索就認定，某項工作一定要「具備相關經驗」才能做得好。

殊不知，任何人一開始都是沒經驗的。若是內升，也許被升遷的同仁學習幾個月後，很快就能上手，任務也早就上軌道了！

功力已達七成的人才，主管應勇於拔擢

其實，如果內部同仁已經有六、七成的功力，**即使對相關工作缺乏經驗，但他的邏輯思維、應變能力、做事方法都不錯，就可以考慮內升。**主管只要賦予同仁新任務，給他機會學習，他就可以做了。相反地，若是主管職長久懸缺，讓任務無法推行，對公司的傷害反而更大。

建議主管們，千萬不要等到你認為同仁具有百分百的能力才肯放手，到時或許已經太遲，優秀同仁欠缺成就感，早已跳槽了。

何況，如果對有潛力的同仁委以重任，他所欠缺的三〇%到四〇%能力，往往會因為身歷其境，快速地吸收、學習、成長，很快就能補強。甚至，**年輕同仁還可能加入新的創意火花，表現出乎意料的優異。**

主管出缺，千萬不要想「留個位子」給人

除了不肯內升，還有一種情形是拒絕空降。有一次，某部門同樣是主管出缺，但部門內的三位同仁實在太資淺，離六、七成功力還很遠，我就問該事業部大主管，明明可以空降不錯的外部人才擔任主管，他為何遇缺不補，懸缺了好一段時日？

他回答，為了培養內部同仁、發揮他們的潛力，他才把這個主管的缺故意留下來。等到一兩年後，部門中有人成長到可以擔負重任，就能升任這個主管職。

這個思維乍聽之下好像很有道理，其實是錯的。首先，**部門沒有主管，缺乏有經驗的指導者，不但底下同仁的成長與學習會放緩，還可能耽誤原本可以掌握的商機。**

其次，**只要組織健全，保持競爭力，當該部門的同仁成長到足以向上升遷的時候，**

先前外聘的主管也應該向上挑戰更大的平台了。完全不用擔心到時沒有空缺，無法拔擢具有能力的同仁。

對於不適任者，要捨得淘汰，手法細膩

反過來說，對於不適任的同仁，主管也要捨得淘汰，只是手法一定要細膩。提醒的過程很重要，不是一看到不對勁，就武斷地認定該同仁不適任，應該提醒他，讓他有改進的時間與空間。經過提醒，實在無法調整者，才會成為淘汰的對象。

決定淘汰後，主管必須親自跟當事人懇談，將情況說明清楚，以取得對方的理解和體諒。有時候，這反而是雙贏的建議，不只讓組織送走不適任者，也讓對方早日找到合適的環境發展。可能的話，主管不妨幫他介紹適合的工作，或盡可能從他的立場思考，提供協助。

最差的方式是直接丟給人資，讓人資進行辭退。甚至當事人接到人資通知時，還錯愕地不知哪裡做錯。**這種粗率的管理作風，未來恐會成為主管帶領團隊的絆腳石，不可不慎。**

一試再試沒有好處，只會更傷感情

為何我要強調「捨得淘汰」？因為許多主管不想當壞人，把新人的試用期一延再延，這是明顯錯誤的。

老實說，試用期延得越長，割捨不下的情感也越沉重。再者，延長試用期的理由，是主管無法評估這個人適任與否，可是這種情況根本不該發生。溯及源頭，主管在面試的時候就該用心與深入，對進用的人有所掌握。在三個月的試用期當中，更應該經常跟他開會，請他來簡報，關心其工作狀況，甚至進行心談，對他有所了解，就能在試用期滿立即做出決定。

基本上，一位用心的主管，大概一兩個月就足以看出新人潛力，各方面的基本條件夠不夠好。**不是完全以業績做判斷，而是看做事的方法與態度。**如果不好，就該果斷地割捨，因為拖得越久，就越不好意思辭退對方了。

結論

提升組織效能，應是主管隨時隨地關注之議題

◆身為主管，最重要的職責是「提升組織效能」。當有要職出缺，內部升遷或空降人才，都不該排斥，應依據提升組織效能的大原則來進行決策。

◆如何提升組織效能？一年做兩次評估是不夠的。需要主管隨時隨地觀察成員的日常工作，評估其執行力與成果，了解其特質與專長，且隨時思考是否有更佳的人力配置，透過調整組織來提升效能。

◆主管平時多留意成員的狀況，就能更快地拔擢優秀人才，汰除不適任者。

◆淘汰的過程需要細膩進行，要先提醒，再觀察，決定淘汰後要懇談。千萬避免直接丟給人資去辭退，也不要輕忽主管職責，不了解屬下，以致將試用期一延再延，這都是大忌。

22 內部升遷的思維及藝術，換位子也要換腦袋

內部晉升，面面俱到

王協理向我推薦同仁李君，希望晉升李君擔任事業部主管。我經過諮詢及考慮後，決定接受王協理的建議，並將雙方同時找過來懇談。

他們來了，我開門見山就說，「李君，王協理覺得你很不錯，根據過去的表現極力推薦你擔任事業部主管。但是我必須提醒，升遷之後，你的許多觀念跟工作內容都必須要隨之改變。」

李君立即說他願意，於是我繼續說：

「過去你可能私下抱怨公司種種問題，現在你將會成為被抱怨的一方，而且你必須以主管身分設法解決這些問題。

過去你參與會議，現在你召集會議。

過去你只要被動配合高階主管的策略，達成目標。現在你卻需要主動思考，如何提升事業部的整體競爭力。

過去是別人規劃產品線的策略，由你執行。現在，這些都要由你去發想、策劃。甚至，你還會有更多要改變的地方。」

最後，我也轉過身來，鄭重地對王協理說，「過去許多事情由你主持、規劃，現在你也必須學著放手，讓李君去主持。剛開始你從旁協助沒問題，但等他上軌道之後，你一定要開始做更高層次的工作，否則升李君就沒意義了。」

從一故一事一中一得一到一啟一發

細膩處理內部升遷，更加促進內部團結

這個故事的啟發是，要升遷一個人，原來如此細膩，必須留意許多細節，甚至把被升遷者跟直屬主管都請來，說明升遷的理由。如此一來，**被升遷者將會感激直屬主管的推薦，而非只感謝高階主管，同時部門會更團結，被升遷者也會感受到他**

肩上的責任，認真面對。

可見，內部升遷是一門藝術，往往需要細膩處理，工作才能順利地進行。

從主管角度出發，避免重工，適當授權

被升遷者的直屬主管，**權力要下放，落實角色分工，避免跟低階者「重工」，也就是做重複的工作。**

正確的做法是，當主管推薦屬下升職後，自己應該往上提升，執行更重要的工作。至於一些原本屬於自己的管理工作，則分出去讓屬下接手，同時要給予屬下充分的支持，做他的後盾。

例如，你的身分是直屬主管，**在屬下升遷為新主管的初期，一些重要的會議、簡報等場合，你就要幫他站台或開場，或出席做他的後盾，讓他對新職務有熟悉、轉圜的空間。**核決也是一樣，對於二〇％的重要事務，你要督導並協助新主管，其他決策則讓他放手去做。重點是掌握二八法則，對二〇％最重要的事務予以支持、示範、訓練，而非

事事都要盯著看。

注重內外人際關係，主管成為被升遷者的後盾

在團隊的同儕當中，某個人被升遷成為眾人的上司，難免會引起某些成員的不快。**如果你是直屬主管，需要事前妥善處理，安撫內部同仁，讓團隊了解被升遷者的優點與升職理由。**如此，當部屬正式接任主管職，底下的成員才會服他，讓他好做事。

對外，你也要幫忙打點人脈，可以帶即將升職的部屬一起拜會職務上相關的客戶、跨部門主管、供應商等，讓他可以及早熟悉未來要接觸的人。**此外，還要主動製造機會讓他認識很多人，比如帶他去和客戶打球、一起出席餐會等，幫他建立關係網絡，以確認你在原有職務上經常往來的關係，已經順暢地轉交給部屬。**如此，他才有可能完全接手你原來的工作。

主管為部屬鋪路，做好總務安排與職前訓練

當部屬被升遷為新主管，工作上需要調整或增添的總務設備，包括線上會議設備、主管辦公室、座位安排等，直屬主管都應該協助，做好前置作業。工欲善其事，必先利其器，若在部屬升職前準備好，一切就緒，等他走馬上任時一定更得心應手。

幫部屬做職前訓練，是直屬主管的重點任務。**對於和主管職務相關的諸多工作項目，都要以實際示範的方式，作業或流程都帶部屬走一遍，讓他正式上任前就有基本的認識。**

被升遷者，勿停留在舊思維

如果你是部屬，是獲得升遷的一方，更要積極主動，學習如何改變既有的思考與作業方式，也要轉變態度，**不要讓自己停留在舊職位的思維與工作模式中。**千萬避免陷入過去任務沒放掉，新職位又做不好的尷尬狀態，該交接的工作就要交接，才能讓自己往主管層次的工作轉換。

建議你，主動與高你一階的直屬主管商量職務分工，隨時檢視，避免與主管的工作項目重複。而且在三個月之內，就要提出一份工作計畫，將你的想法與策略展現出來。很重要的關鍵是，要有「師父領進門，修行在個人」的觀念，面對困難任務，不能

一直依賴直屬主管幫你擋。當他帶你處理過一兩次之後，就必須自己去修練，直到能夠上手，獨立處理。

從部屬的角度，升職前就要隨時培養人脈

從部屬的角度，身為幹部，應該要隨時培養自己的人脈，一旦有機會獲得升遷，賦予新的任務，需要添加人手、自組團隊的時候，才有能力組建自己的班底。這裡所說的人脈，範圍很廣，包括公司內部同仁、同仁的朋友，客戶的業務、行銷、研發人才，甚至同學、同行等等。

如何讓別人樂於加入你的團隊？平時就要樂於助人，不擺架子，甚至犧牲自己的利益去幫忙。對於公司其他部門的會議及聚餐，甚至外界的聚會或球敘，要多多參加，培養交情。此外，也要多跟同學或同行保持聯絡。

具備好的人脈關係，甚至潛在的班底，往往是獲得升遷的先決條件。

結論

內部升遷，需要主管與部屬通力合作

◆內部升遷是一門藝術，有許多注意事項，需要由高階主管和推薦部屬升職的直屬主管，一起協助被升遷的部屬，助他一臂之力。

◆被升遷者的直屬主管，權力要下放，落實角色分工，避免跟低階者「重工」。同時自己應該往上提升，執行更重要的工作。

◆直屬主管也要替獲得升遷的部屬鋪路，不僅示範工作的流程，更要幫忙打點內外的人際關係，才能讓這次的升遷真正發揮效益。

◆從部屬的角度，需要在平時就培養自己的人脈。如果獲得升遷，要避免停留在舊思維；相反地，三個月內就要提出嶄新的工作計畫，認知「師父領進門，修行在個人」，儘快獨當一面。

23 利用專案小組，打破建制，不擴增人手達成任務

消化不良的call report

我們公司為了擴增新的潛在客戶，提升業績，主管要求業務寫下所有call report，即客戶拜訪報告。

後來發現，每位業務員每週寫三到五篇報告，一個月接近二十篇，幾百位業務員每月就有好幾千篇，數量非常龐大。然而，公司卻沒有足夠人力檢視與消化，幫助業務員把訂單開發出來。這麼做等於是浪費時間！

為了消化這些報告，直覺的想法是增聘人力，可是加人就要增加成本，增加的業績被這些成本抵銷掉，人均產值還是相同，對公司幾乎沒有幫助。這時候應該怎麼辦？主管們找我討論，我的解決方案是，建立TFT（Task Force Team），也就是專案小組。

原來，問題是出在業務部沒有足夠的主管或負責人，可以檢視業務員的拜訪報告。

於是，在報告數量太多、缺乏整理的情況下，沒有辦法有效地傳達給Product manager team，也就是產品經理PM部門，爭取好的價格與交貨期，進而讓業務員拿到訂單。結果，業務部門的報告缺人整理，PM部門卻因為業務的報告沒有整理好傳達上來，業績難以提升，甚至有一部分人力閒置。

建立專案小組TFT，就是為了打破部門的局限。我請高階主管從各事業部的PM部門中，找出一些具備業務與PM經驗的負責人，組成TFT，額外賦予他們一些任務，支援業務部檢視客戶拜訪報告，協助做後續的處理。

這個做法一舉數得，因為主要由PM部門的人組成的TFT，藉由檢視這些報告，協助業務員成交，其實有助於PM部門自身的業績，同時消化了業務員的call report，而公司也沒有因此增聘人力。

從｜故｜事｜中｜得｜到｜啟｜發

打破部門藩籬，不囿於制式指揮系統

當公司需要增加新工作，牽涉範圍很廣，又不想追加人力，怎麼辦？這問題看似無解，其實有解方，就是利用專案小組，打破建制。

過去業務主管只管業務部，PM主管只管底下的小PM，人力資源不互通。結果當其中一方人力不足，就造成瓶頸，例如call report無人消化，需求就傳不到PM部門。這個故事的啟發就在於打破建制，讓PM主管也可以檢視call report，不被原組織的指揮系統所限制，以提升效率。

透過專案小組TFT，善用召集人自行組閣

類似的經驗還可以延伸。雖然前一個故事講的是業務與PM部門，其實各部門都是一樣。傳統的建制與指揮系統，各部門只管自己的事，甚至連部門的電腦檔案權限，都不會開放給其他部門。但在公司的新需求產生時，成立專案小組、打破建制，就可能

在不增加人力的前提下，解決難解的問題。

至於打破建制的編組要如何產生？**可採用召集人制度，例如由總經理、執行長等最高主管挑選TFT的召集人，由他們自行組閣，決定找底下哪些部門的人來協助。**以友尚為例，就是由我指派台灣區、華南區、華東區的專案小組召集人，由他們再去找底下的PM部門來編組人員，協助檢視業務部的客戶拜訪報告。

這就是分層負責、分層授權，由最高主管找第一層的召集人，以確保他有足夠的經驗、熱忱、內部人脈與號召力來做這件事，召集人再自行組閣，找第二層負責人，分層來組建TFT。

另一個關鍵是借助系統，讓資料很容易送到TFT來。例如開放電腦系統的一部分權限，TFT就能看到「任務所需」的跨部門資料並加以處理。

器重召集人，提升專案小組成功率

召集人的角色非常重要，**最高主管應先跟TFT召集人溝通，讓他們知道這是很重要的任務，並表達公司對他們的器重，**使他們對此項跨部門任務產生責任感，若能完成，也會更有成就感。

善用任務召集人，最高主管就達到分權、分工的目的，不必為了組建專案小組，反而讓自己凡事都事必躬親，忙不過來。

但**因為這是特殊任務，若要推行順利，最高主管還是必須親身投入足夠的時間，參與TFT專案小組的運作，經常參加會議，幫召集人站台，成功率才會高。**

相關的投入雖然花時間，但效果甚好。因為它並不影響原組織運作，而是透過專案小組，讓原組織的人員協助新任務推行。同時，專案小組也協助原組織達到業績，可說相輔相成。

專案小組，也能應用於二代接班

類似的做法也能用於二代接班。當二代回到公司，放哪個部門、哪個位子都很奇怪，老臣也可能有許多意見。

但**打破建制的專案小組，因應公司新任務，讓二代擔任召集人，做資源與人力的盤點與運用，就可以讓二代接班人順利深入到各部門，而且原部門的運作不受影響。**

比方說，某企業併購很多公司，這些公司的老臣往往成為企業的幹部，納入該企業部門的體制。當二代接班人進來，擔任董事長或總經理特助，經常會發現其意志無法滲透進公司的各部門。

此時若是打破建制，開一個新的專案小組TFT讓二代負責，由董事長或總經理一起參加會議並站台，二代接班人就能透過TFT跟那些「被併購進來的」組織幹部深談，達成公司的新任務、新目標。換句話說，原組織不動，二代接班人也沒進原組織，只是原組織的幹部向他報告，接班人就能了解部門狀況，他的意志也能貫徹下去。

專案小組有彈性，可隨時解散

活用專案小組還有一個好處，它隨時可以解散，不像公司體制內的部門，一旦成立就不能輕言解散。

因應需求，專案小組的任務可以增減，成員也可以隨時調整，在運用上比一般的組織更有彈性。而當專案小組的任務完成，只要召開一場會議，由主管布達就可以解散，對公司也不會形成負擔。

結論

活用專案小組，解決難解問題

- ◆傳統的建制與指揮系統，各部門只管自己的事，有時造成瓶頸。但在公司的新需求產生時，建立專案小組、打破建制，就可能在不增聘人力的前提下，解決難解的問題。
- ◆專案小組的產生，可採用召集人制度，例如由總經理、執行長等最高主管挑選召集人，由他們自行組閣，決定找底下哪些部門的人來協助。
- ◆最高主管必須器重召集人，事先溝通，並親身投入足夠的時間參與會議，為召集人站台，成功率才會高。
- ◆在環境複雜，接班不容易的公司，專案小組仍是一個有效方式。藉由一項新任務，讓接班人擔任召集人，可望在不影響原組織的前提下，了解組織現況，並將意志貫徹到組織當中。
- ◆專案小組可隨時解散或者調整，也提供了更大的運用彈性。

24 跳出框框，保持二〇%戰鬥力的彈性

業績目標提升，組織卻不動？

A部門去年的業績是一億，今年的目標是一．五億，為了讓A部門達成目標，公司多撥了兩條產品線給A部門，藉以開發新的客戶。

然而，A部門主管卻完全沒有變動組織的打算，也沒有提出人力需求，只是把這兩條產品線塞到現有業務的手上，讓他們兼著做。

我問A部門主管為何如此，他表示這樣可以為公司省錢，不增加人力，反正兩條新的產品線能否做起來也沒把握，就以目前的組織架構儘量試試看，不行再說。

我忍不住問他，這樣的策略，有可能成功嗎？他回答：我也不知道耶。

從一故一事一中一看一見一迷一思

主管且戰且走，組織未做調整，成功機率近乎零

這個故事的迷思是，當業務範圍擴大，業績目標也提高，組織卻完全不做變動，成功的機率實在不高。

A部門主管不加人的想法未必有錯，如果不加人能達成目標，當然最好。但即使不增加人力，也需要進行組織調整，對於新的產品線應有特殊安排，由專人負責。若只是兼著做，恐怕很難做得起來。

目標遽增，思維必須跳出現有組織框架

當目標遽增，即使部門主管決定加人或調整組織，仍可能陷入迷思，就是從「現有的」組織架構與人力配置，進行人員的調動與個別業績目標的調整。

現有組織是根據現在的業績目標與產品線設計的，當目標遽增，它一定不會是最佳的配置方式，就算著手調整，也很難調整得好。可惜的是，多數主管都習於從這個角度

出發。

正確的做法是，根據新的目標，從組織架構做根本的思考。例如業績要達到一．五倍，需要幾位PM？對於不同地區的市場，人員如何配置才是最佳化？新舊產品線的負責人會是誰？是否適才適所？是否需要任命整合型的總PM？唯有從根本架構進行思考、規劃和配置，後續才能打有把握的仗。

建議主管，當新的目標遽增，**千萬不要急著確認組織裡是否有對等的人力，應先把完整的組織架構想清楚，再來思考第二層次「人力配置規劃」的問題。**

還有一個小提醒，當組織架構出爐後，請勿急著發布，最好放一兩個星期沉澱一下。因為組織架構牽涉到內部同仁升遷、職務調動，也影響到是否新聘人才、挖角等，茲事體大，多想一下總是好的。

跳出現有框框，尋覓人才，活絡組織

組織架構規劃完成後，下一步就是將所需的人才補到位，發揮戰鬥力。**最重要的原則就是，不要在現有範圍裡打轉，必須跳出框框去進行覓才。**

首先，新的目標出現，現有組織裡的人才未必要墨守自己原本的任務，主管不妨賦予他們新的挑戰。若是組織中找不出合適的人，也可向公司其他部門覓才，當你發現合適人選，可以和高階主管協調是否有機會調派？或是對外訪才，透過同業人脈、公司人資、朋友圈……等，盡可能達成新組織架構所需的人力配置，發揮出應有戰力，才能達成目標。須知，**尋訪人才是身為主管者最重要的任務！**

同時，不妨思考如何產生「鯰魚效應」，適度地引進外來高手，藉著他的優異表現，讓既有同仁產生危機意識，帶動良性競爭，活絡組織動能。外來人才引進的新做法，也可能改變公司固有的思維與作業習慣，提升績效與品質。

讓組織保持二〇%戰鬥力的彈性，派猛將開發新市場

組織調整時，即使人事暫時凍結，不加人，都要考慮到組織戰鬥力，保留開發新市場的彈性，不能只有守成。身為主管必須切記，**無論如何困難，都要設法擠出一〇%至二〇%的人力開創未來，例如專注於新市場的開發**。將守成的工作，交給其他八〇至九〇%的同仁去做。

除了人力之外，其他面向也一樣。各單位所負責的產品、產品線、客戶等，也應該用同樣的觀念經營，隨時保持一〇%至二〇%具爆發潛力的「培養型資源」在手上，才能持續成長不墜。

還有一個重要提醒，很多主管因為害怕客訴或掉單，習慣將既有客戶交給有經驗的資深同仁負責；而將新人、經驗較少的同仁派去開發新客戶。這樣的思維是錯的，成效也最差。

現有客戶因為已經交易過，有既定的經驗模式，在互動上相對單純，交給有潛力的下一代同仁接手，相對來說是容易的。如果主管連現有客戶都不放心交給這些新同仁，或許就要思考，這些人是否適任？是否應該換掉，重新聘任具發展潛力的人才？

相反地，開發新業務所涵蓋的範圍較不確定，不但必須對公司相關資源非常熟悉，也要反應靈敏、深具創意，才可能過關斬將有所突破。因此，**要接下新的產品線，開發新市場或新潛力客戶，當然應該將最有戰鬥力、經驗最豐富的猛將擠出來，委以重任，才能收事半功倍之效。**

結論

面對遽增的新目標，從組織到人力配置都要有新思維

- ◆當公司賦予新的目標，而且目標遽增時，身為主管必須從組織架構開始檢視，再思考相關人力配置的問題。
- ◆組織調整公布前，應再沉澱個一、兩週思考，以求周延。
- ◆組織內應該以開放的心態，適度引進外來的優秀人才，以活絡組織，這就是促進組織成長的「鯰魚效應」。
- ◆組織的人力、產品線、客戶等，都要隨時保持一〇%至二〇%具爆發潛力的「培養型資源」在手，才能成長不墜。面對新市場的開發，尤其要擠出前一〇%至二〇%的猛將負責，才會事半功倍。

25 潛力是被逼出來的，主管要學會當菩薩

和尚廟賣梳子

有一家公司是賣梳子的，老闆聘請了一位業務經理，上班第一天，老闆就跟他說，「你想辦法把梳子賣給和尚廟。」

這位經理心裡想，「這不是刁難我嗎？」只好委婉地跟老闆說，「和尚沒有頭髮，怎麼會買梳子？」

沒想到老闆說，「不管，你就去看看，想一想有什麼機會。」

業務經理只好去了，繞了三天，終於看到一個和尚坐在石階上，搔頭抓癢。經理想，梳子應該也可以抓癢，就拿去賣給這個和尚，成功地賣掉一把。他回到公司就很高興，報告老闆說賣了一把。

老闆說不夠不夠，叫他再去。於是經理觀察了三五天，看到進廟的香客，許多都是

蓬頭垢面，沒有梳理頭髮。他就跟廟裡的方丈講，可不可以買個十把，在每一張桌子上放一把梳子，香客就能梳頭了。方丈覺得不錯，買了十把，經理又跑回去回報老闆。

老闆還是一直說不夠，結果經理又去廟裡蹲了一個禮拜。終於有一天，他看到方丈在寫毛筆字，書法寫得非常漂亮，他就靈機一動，回去問老闆說，在梳子上刻字可不可以？老闆說可以。他就去跟方丈講，您的書法這麼高明，如果我把您的書法刻在梳子上，寫上「功德梳」，每個捐香油錢的香客就送一把，這樣好不好？方丈聽了很高興，滿口答應，預計每個月可以賣超過一千把。

沒想到經理回來，老闆還是說不夠。不過這時候，經理的潛力已經被逼出來了，他很快就想到一個點子，跟方丈講，如果梳子經過廟裡的香爐加持，一把賣三百塊，很多香客應該樂意買，用它來梳頭，天天頭頂都被加持。方丈答應了，最後每個月可能賣好幾千把。

從一故一事一中一得一到一啟一發

看似不可能的目標，激發出無限潛能

碰到難題時，員工的迷思，就是習慣性地回答「不可能」。但是當老闆給員工時間或者逼他，搞不好他就會想出答案來。

梳子故事的啟發是，可能與不可能只在一線之隔，人只要努力一點就有進展。每個人都有無限的潛力，但需要被逼迫才能開發出來。

教練型的老闆，會藉著問員工許多問題，讓他們自己找到答案，茅塞頓開。

主管要學會當菩薩，不回答問答題

主管要學會當菩薩，該做的是指點迷津。很多屬下會來問你，「老闆，發生了這件事該怎麼辦？」那就是問答題，我往往都會告訴他，「是我付薪水給你，所以該怎麼辦是你告訴我，不是我告訴你。」

祕訣是學會像菩薩一樣，永遠不回答員工的問答題。好比人們有事去問菩薩，不可能提出問答題，因為菩薩不會說話，多半是他們碰到什麼疑難，為了解決，已經想出A、B、C的選項，但是不知道哪一個好，才來問菩薩。如果菩薩覺得是A的話，擲茭就是聖茭。

更進一步，可以變成是非題。就是信徒把A、B、C都分析過了，告訴菩薩A、B、C案各有哪些缺點、哪些優點，自己考慮完之後，覺得可能C案最好，就告訴菩薩，如果祂贊成，擲茭就是聖茭。

同樣地，假如屬下提出問答題，主管也可一律不回答，要求他們自己先思考。等員工歸納成選擇題或是非題，而且把優缺點講清楚，再來做最後決定。

否定，再肯定，也是一個很好的方法

我有一位朋友是總工程師，很多工程師送案子給他，他可能沒有時間看，也可能看了不是很懂。有時候他會先放著三天，三天以後，底下的工程師去找他，他就會先否定，「這個方案我不知道問題出在哪裡，但我總覺得不太理想，你要不要回去再想想看？」

於是基層工程師把案子抱回去。有一次，抱回去大約三天以後，基層工程師就回報說，「噢，我想到方法了，我只要加一個電容，就可以把這個問題處理掉了。」這時候，總工程師會肯定他。

總之，請你不要馬上給員工答案，讓他回去再想，搞不好他自己就會想出答案。這就是所謂的「否定，再肯定」。

電子郵件、文件管理：要求屬下做摘要

很多員工向主管用電子郵件報告的時候，往往列了很多附件檔案。信件裡甚至只寫一句「As attached.」，就要主管自己去看附件，這觀念是錯的。

高階主管要看的是重點，碰到這種情形，應該要求屬下在信件「表頭」做摘要，包括：這封信與附件的重點是什麼？最好與最壞的狀況會如何？因為什麼理由需要送到主管處簽核？最後再請主管裁示。

即使屬下一定要主管打開附件檔案，裡面也要做螢光筆標示，主管只看需要裁示的地方，就能大致了解全貌。

同樣地，如果屬下送上一份長達好幾頁的文件，應該貼一張3M便利貼，簡要告訴主管來龍去脈及重點，方便主管判斷。

因為高階主管沒有那麼多時間，也沒有必要跟屬下做重複的工作，全部再讀一遍。做屬下的，假如每件事情都要主管從頭看起，就會顯得自己毫無價值。相反地，屬下如果能先幫主管做好整理，節省他的時間，自己也會更加受到器重。

最佳狀況是讓主管不用打開附檔或文件，看完3M貼紙或表頭的摘要說明，就可以直接裁示。

用駁回訓練員工

當主管訓練員工的時候，也要懂得怎麼駁回。一般來說，假設員工問的是問答題，無論是口頭詢問或信件提問，主管都應該把它駁回。

平常主管就要留意這樣做，因為一般人都是問問答題。要幫助員工養成習慣，他們才會懂得問選擇題或是非題，甚至更進一步，懂得做摘要，方便主管迅速決策。

最好的訓練就是駁回，退回去讓員工重做。除非時間很趕，主管才直接修改，改完

了還是要告訴他錯在哪裡。

結論

主管要逼出員工能力，員工要自行創新、提綱挈領

- 主管不要直接給員工答案，可以藉著駁回，退回去讓員工重做，逼他們去思考。潛力往往是被逼出來的。
- 主管要給指示之前，可要求員工先列出選項，要求他們先思考。主管通常只回答選擇題，甚至是非題。
- 至於員工自己，也要培養創新、提綱挈領的能力。遇到事情，在回報主管之前，請先思考有沒有比較好的方案，並整理摘要給主管決定。

26 隨時隨地做考核，過程勝於分數

友尚的人員考核在第三季到第四季之間進行，九月初，我把一位主管找來，詢問考核進行到什麼程度。

那位主管回答我：「不好意思，最近我很忙，還沒開始進行。」

我當場追問：「不是七月份就把考核表發給各位主管了嗎？為何都還沒有開始呢？」他無法回答。

考核現象面面觀

由於考核牽涉到升遷、紅利與獎金多寡，茲事體大，一般都會納入評分機制。以我們公司為例，一個處下面有許多單位、許多主管，所以每位同仁的考核表上，也會包括自評、第一級主管評分、第二級主管評分……等等。

結果，那位主管完成考核後，我又找他來問：「為何某位同仁得到比較高的獎金？」

該主管回答：「因為他考核的總分高。」

但我沒有放過，又問：「可是這些同仁的評分跨了很多部門，有一些階層評分的主管不同，標準也不一樣。你用總分來比較，會準嗎？」那位主管就愣住了。

從一故一事一中一看一見一迷一思

各主管評分標準不同，只看考核總分並不公允

故事中的第一個迷思：主管總把考核壓到最後才做，而且分配的時間很少，十分草率，應付了事。這種做法是失職，因為主管最重要的工作就是管理與人相關的事務。

考核的時候，只根據分數來決定升遷、紅利與獎金，這也是迷思。其實各主管評分標準不同，不能相提並論。

考核平時就進行，組織也能隨時調整

考核這件事從平時就開始。例如開會時，聽同仁進行簡報，你就可以觀察到簡報能力、邏輯能力、表達能力、整合能力等。

跟業務員一起去拜訪客戶、供應商，你就可以觀察到他的談判能力、說服能力、交際能力。

甚至在請客的場合，觀察同仁的活動力、表達能力，甚至與客人相處是否融洽？談的內容適不適合？會不會主動去攀談，建立人脈？**在許多情況下，同仁的能力自然而然已經表現出來，只是你不曾留意而已。**

其實透過平日觀察，考核的主要部分已經做完了。所以在公司裡，不一定要等個半年才調整組織。如果主管平日留意進行考核，在某些場合，發現一位同仁表現優異，本質上適合更高的職務，立即就可以進行調整。

相反地，當你發現一位同仁不適任，也可以儘快將他調職，更換能勝任的人才，不必拖到幾個月後，既影響工作成效，也讓整個部門士氣低落。

留足夠的時間考核，重點在過程，不在分數

除了以平日的觀察做考核之外，為什麼我主張收到考核表後，還要留足夠的時間進行評核呢？**因為考核的目的，是做「再一次的心談」。**

很多人以為考核就是填考核表，其實不對，考核表只是一個輔助工具，讓主管參考上面列的項目做「心談」。趁著考核的機會，詢問屬下工作上有什麼問題、遇到哪些困難、是否適才適所、有無需要幫忙之處？這才是重點。當然藉此觀察屬下的反應，看他是否有所成長，或藉機引導他成長，也十分重要。

當公司規模擴大，發下來的考核表也會複雜些，後勤、業務、研發、財會，考核的標準各自不同。一般會有幾個重要欄位，比方同仁自己評核幾分，直屬主管評核幾分，上級主管評核幾分等等。如果要用這種評分的總分，來比較兩個同仁，除非各階層的主管分數剛好都是同樣的人打的，還算有參考價值。如果某些分數是不同人打的，總分的參考價值就很低了，因為每位主管的評分標準都不同。

其實，考核表不是重點，上面打的分數更不是關鍵，重點是過程。因為要評核，每

一階主管必須跟屬下坐下來談一段時間，這段溝通過程才是考核的真正價值所在。

升遷或試用評估的考核，不完全以業績掛帥

決定一名同仁升遷與否，某些主管會完全以業績掛帥，這是錯的，業績只是考量的因素之一。因為業務被分配到的產品線、客戶、區域都會影響表現。分到既有的大客戶或銷量穩定的產品，業績自然好；若開發新客戶或銷售新產品，初期業績就會受限。

評估試用期的員工是否正式錄用，以業績為考核標準也是錯的。因為一個人剛進公司，業務方向未定，不見得能創造業績。即使有業績，也可能是前人留給他的，跟他本身關係不大。

其實，應該以同仁做事的態度、方法、邏輯，以及簡報能力、溝通能力、學習動機等，作為評估的標準。這些面向，都代表著同仁未來發展的潛力。

考核不單以業績為標準，而是以全方位的表現為準。主管平日經常跟屬下一同出去拜訪、開會，或把握時間心談，就有多方面資訊來進行評核，絕非只是業績至上。

結論

考核與組織調整，提升團隊戰力

- ◆主管平日就要對屬下進行考核，而不是收到考核表才進行。
- ◆公司的組織也應該隨時隨地進行調整，替人才安排新的職位。適才適所，競爭力才會強。
- ◆同仁升遷與試用考核，不以業績為唯一標準，而是以全方位的表現為準。
- ◆發下考核表之後，因為要評核，每一階主管必須跟屬下坐下來談一段時間，這段溝通過程才是考核的真正價值所在。

27 賦予責任範圍，重視組織命名，專任兼任順序馬虎不得

MIS與user就像兩條平行線？

公司的MIS（Management Information System，資訊管理系統）部門，跟第一線的user（使用者），一度關係緊張。

我深入了解，其實MIS工作認真努力，寫了許多程式來幫助公司的運作，可惜沒什麼人在用。

反觀使用者這一方，對MIS普遍不滿意，原因是他們向MIS提出的需求，大多只是一些小調整，卻經常被延遲、擱置，影響工作的推展。而MIS認真寫的程式，他們也不知道如何應用在工作上。

為此，我和主管深入跟MIS談，他們也有許多苦水。他們的確收到了user端的需求，但許多看起來都是「個人需求」，比較零碎。另外我們也發現一些溝通問題，有

時候user表達的需求，MIS聽不懂，反之亦然。

經過討論，當務之急是建立協調、溝通的介面，於是我們找出一些資深的助理同仁，對公司作業流程很熟悉，又懂一點MIS的概念，藉由他們，作為MIS與user之間的橋樑。

我們還用心幫這個團隊取名字，稱為UST（User Service Team），意思是user有需求就找UST，UST要站在服務角度，服務User與MIS雙方，成為溝通的橋樑。如此，當UST彙整user需求後，就能分辨只是個人需求？或是許多人的需求？再協助MIS根據user的需要，排出工作的優先順序。

反過來，當MIS設計了對公司運作很管用的程式，UST也能迅速了解，並以user能聽懂的語言布達下去。由於UST是從資深助理中調派人員兼任，最後，公司並沒有增聘人力，就順利解決了MIS與user兩邊的困擾。

從一故一事一中一得一到一啟一發

部門間爭議，建立跨部門的溝通橋樑

當user的需求未被即時滿足，很容易陷入迷思，覺得MIS沒做事。其實MIS很努力。

但MIS也有迷思，當一位user提出需求，也許很零碎，他們不想花時間。但經過彙整，這項需求卻可能是許多人的痛點，需要優先處理。解決之道，就在於建立溝通的橋樑。

立場不同，各說各話，溝通介面很重要

公司的不同部門常有各自的立場，雖然都很努力，但是彼此不了解對方的工作性質，便產生衝突。

以user對MIS提出需求來說，解決這些需求有多困難？要花多少時間？是否會影響MIS既有的工作排序？user都不了解。

反過來說，MIS也可能不清楚某項需求對user非常重要，還以為是小事，有空再做就好。結果就產生衝突。

此時，建立溝通介面是當務之急。能解決問題的未必是高職位者，只要略懂雙方需求與作業流程即可。甚至未必要額外增加人力，可以是任務編組，賦予某些同仁權責來進行。除非事情很多，才需要派專任人員。

就像我們找了一群資深助理，給他們新的任務，擔任溝通橋樑，並未加人，便解決了MIS與user雙方的問題。

明確賦予責任範圍，應該從「組織命名」開始

在公司經常有這種情形，因應需要，主管要明確賦予一群人新的責任範圍，成立新的組織。**這時候，最好在組織的「名字」下功夫，盡可能在名稱中賦予組織一個具發展性的願景，並包含其工作重點。**

其實剛開始討論的時候，UST這個概念還未成形，本來只想新設一個小組，協助推動、教導大家學會MIS開發出來的程式，將其應用到工作上。原本打算稱為

System Application Team，但總覺得這樣的職務範疇太窄，好像只要教大家使用應用程式就行了。

斟酌許久，才定名為ＵＳＴ，如此一來，**無論第一線使用者在軟體應用上有任何疑難雜症，甚至是新的需求，須請ＭＩＳ開發新的應用程式等，都涵蓋在ＵＳＴ的責任範疇中。**這樣不僅更符合公司的需要，無形中也為ＵＳＴ這個新組織提供了發展的願景，讓同仁一展身手。

賦予不同職掌時，兼任的界線必須清楚

兼任是一種調度人力的方式，若運用得當，可以不增聘人力就達成任務。但要同仁身兼二職，賦予其不同職掌時，也應該慎重考慮，不能馬虎，尤其兩個職掌誰是主，誰是副，會直接影響到同仁工作的重心。

例如「ＦＡＥ兼ＢＤ」，ＦＡＥ是應用工程師，ＢＤ是業務工程師，後者需要開發新市場與客戶。然而，當我們說「ＦＡＥ兼ＢＤ」，意即請某位應用工程師「兼任」業務開發，他就會以ＦＡＥ為主，有空才去做開發工作。

所以在任命時，高階主管必須慎重考量目標為何？正職和兼職哪個比較重要？**通常會以大格局的需求優先，但同時，也要考慮被任命者的資質與能力能否擔負大格局的重任。如果不適合，反而要把他放在較小的工作範圍中，才會適才適所。**

兼任的界線必須清楚，讓當事人與其他人都了解其職務是屬於「專任」或「兼任」。例如某個新部門成立之初，不得已必須先請A君兼任部門主管，但未來還是要遴聘合適的新主管。這時，就要在委任職務時，跟A君講明是「兼任」，等新主管到職，才能順理成章請A君卸任，不影響組織和諧。

最後，**因為兼任容易失焦，如果做不好，同仁也容易找到藉口，所以我認為，除非情況特殊，否則兼任只是權宜之計，並非是最好的方法。**

結論

明確賦予責任範圍，為組織命名，妥善安排專任兼任

◆ 主管為同仁或團隊明確賦予新的責任範圍時，最好從「職務名稱」、「團隊名稱」

上就做出清楚的定義，而且賦予具發展性的願景。

◆此外，主管必須正式、清楚地布達，告訴團隊成員與相關人，新職掌的重點及延伸的負責範圍有多廣。

◆如果工作上有兼任的需求，或賦予某些同仁延伸的負責範圍，要明確定義哪些職掌為主，哪些為副。安排的時候，通常以大格局的需求為主，但也要留意被任命者的能力能否負擔，以求適才適所。

第三章

領導與溝通

28 勇於改變！忍受陣痛期，終能享受成果

從便宜貨到精品

一九九三年，三星集團前會長李健熙前往美國洛杉磯，展開為期一個月的市場調查。售貨員大力介紹通用、惠普、飛利浦、索尼等世界一流產品，三星產品卻被擲在角落積灰塵，包括李健熙在內，三星電子的高階主管都震驚了。原來，在美國的經銷商與顧客眼中，三星就是次級品、便宜貨的代名詞。李健熙立即宣示，三星已經到了生死關頭，不成為世界第一就無法生存，一定要變革！

我讀到這個消息時非常震撼。當年我做生意，覺得三星是很大、很強的公司，可是李健熙自己看了卻不滿意，不滿足於現狀。

三星改革力道之大，讓人嚇一跳。李健熙曾說：「變革從我開始，除了老婆孩子，一切都要變。」他改變舊習，力行「七、四制」，全體同仁早上七點上班，下午四點下

班。宣示品質第一，銷毀價值五千萬美元的不良品。推行設計革命，成立尖端科技大型實驗室，並投入每年五百億韓元來進行人才培育，將人才戰略視為要務。

過去南韓的教育強調記憶背誦，人才普遍欠缺設計創意，但經過陣痛期，學員走遍希臘雅典、印度德里，義大利佛羅倫斯、英國倫敦、美國紐約、法國巴黎，從路易十四的設計風格討論到最早的蘋果電腦極簡設計。逐漸地，三星的人才開始質變，產品款式設計屢獲世界大獎，終於讓他們的企業形象翻轉，從便宜貨轉為精品，可以跟世界一流品牌並駕齊驅。

我自己也深刻感受到三星品質的改變，以前賣記憶體，第一個被懷疑壞掉的就是三星，現在賣幾百萬顆都不曾聽說有故障。我相信跟李健熙的改革，是有直接關聯的。

從—故—事—中—得—到—啟—發

危機意識，帶領企業革新求變

三星的故事中，最大的啟發就是領導者必須不滿於現狀，危機意識要強。當初三星是很強大的公司，可是李健熙看到三星在美國市場被打成次級品，就居安思危，及早規劃未來，甚至在許多三星主管還在自滿的時候，他就提出公司已經到了生死關頭！

改革不是單方面，是全面與多方改革

一九九三年，從李健熙推行上班時間變革的「七、四制」，銷毀不良品，推行設計革命，成立尖端實驗室，落實人才戰略等，就能看出改革幅度之大、面向之廣。一家公**司的產品會被當成次級品，原因必然很多，局部的改革收不到效果，必須全面與多方改革才能成功。**

三星的改革還不只於此，當一九九七年亞洲金融危機波及韓國，三星的業務全面告急，長期負債最糟時達到一百八十億美元，當時，更推動了幾項重大變革：

1.果斷處理沒有收益的資產：三星電子不但出售了利川電氣和不動產，並回收五千億韓元的企業職工貸款等，共取回了一・二兆韓元的資金。

2. 減少產品庫存：三星決定讓彩色電視機工廠停產兩個月，減少庫存，其他許多產線也比照辦理。

3. 削減不必要開支：三星廢除了虛胖的福利制度，削減會議、接待、交通等方面的支出，並把車輛管理等低附加價值的業務轉為外包。這一系列措施使三星電子每年節省了一・五兆韓元的不必要支出。

4. 大力裁員：三星不僅大力裁員，精簡部門，部門減幅達二二%。同時還在人力資源部設置職業規劃中心，幫助離職人員重新謀職。

5. 整頓低收入產業：削減赤字嚴重或缺乏前景的產業，集中力量發展有潛力的核心產業。涉及產業三十多家，產品一百四十多種。

三星的全方位改革，減少龐大開支，終於讓企業得以度過金融風暴。再次印證改革需要多面向、大刀闊斧，才有成功之望。

改革阻力很大，主事者必須有前瞻性，擇善固執

改革的主事者需要幾項特質：具前瞻性、勇敢、擇善固執、願意挑戰。

改革阻力很大。以李健熙推動「七、四制」為例，為改變上下班時間，遭受到很多老臣的反對，而且在幾年之後就部分撤銷，甚至在二〇〇二年全部廢除。有些人認為這代表改革失敗，但我不這麼看，在一九九三年當時的時空背景下，「七、四制」是一種大舉變革的宣示，讓保守、自滿的三星人甦醒過來，後來才逐漸成功推行許多改革。如果當時的「七、四制」早早退縮，或許其他的改革也難以為繼。

改革當然要事前評估利弊，可是一旦做了決定，就不能瞻前顧後，到處問人而舉棋不定，那主事者肯定會得到一個結論：不要改。為什麼？因為重大的變革，反對的人一定居多。

當初友尚集團評估要不要加入大聯大控股的時候，友尚已經是同業中的亞太區第二大公司，有些同仁難免志得意滿，覺得自己已經很好了。但我用前瞻思維看趨勢，供應商一直在整併，當他們整併成更大的企業以後，一定先找龍頭合作。友尚只不過是亞太第二，如果不是全球前三大，還是很危險、不安全，一定要成為全球前三大，才能保證永續經營。最後，我毅然決定加入大聯大控股，追求成為世界第一的集團。

然而，如果我當初去問屬下，要不要加入大聯大控股？一定多數是反對的。要是我不經思考，對屬下的意見照單全收，攸關公司發展的關鍵行動很可能不會發生。

為何會如此？因為層級較低的同仁，通常前瞻性不足，視野不夠寬廣，或是在舒適圈中，不太希望做太多改變，所以才會反對。**身為企業領袖，必須前瞻思考，謹慎分辨反對意見的合理性，甚至需要力排眾議，擇善固執。**

不墨守成規，不輕易回頭，忍受改變的陣痛期

改革不能墨守成規，或是只改一點點。當我們居安思危，要解決公司的問題，從創新作為、重大決策，到內部管理、上班時間等等，都要跳出框框，勇於改變現狀。有時甚至不排除尋求外力協助，例如購併與上市等等。

但**大幅度的改革一定有陣痛，這時候不能輕易回頭。**改變組織、改變系統這類大規模的變動，陣痛期可能長達半年到三年。例如友尚加入大聯大是為了成為世界第一，一

兩年之內卻可能衰退。但現在回頭看，結果還是朝向目標進展，業績創新高。

當初友尚的系統從王安換成甲骨文（Oracle），也是一樣。剛開始大家覺得很難用，想放棄，甚至MIS的主管都很想辭職。但經過半年、一年，每週末抓漏洞，逐漸適應新系統之後，大家才深刻體會到，換成甲骨文是必要的。理由是，原本友尚規模不大，用王安的系統足以應付，但隨著規模擴大與國際化，分公司遍布世界各地，就需要甲骨文系統，才能有效管理整個集團。

結論

跳脫舒適圈，勇於變革

- ◆公司發展不能墨守成規，要不斷追求新方法。只改一點點，往往收不到效果，需要全面的改革才可望成功。
- ◆思考改革的面向時，要發揮創意，跳出框框，甚至培養人才使他們具備新的能力，才能因應新的變局。

◆改革阻力很大，主事者必須具前瞻性、勇敢、擇善固執、願意挑戰，而且要忍受改變的陣痛期，不能退縮。

◆改變不一定成功，但不改變，公司或組織一定會滅亡，不進步就是退步。

29 向下管理的方法：為屬下建立職權，落實教練式領導

老闆扮黑臉有學問

某一次，我底下有一位新主管上任，部門同仁上班遲到的情形很嚴重，可見新主管的管理並不成功。不過，我站在他的立場想，因為他剛上任沒多久，可能覺得不方便馬上擺出嚴厲態度，給人「新官上任三把火」的印象，說不定會有反效果。

於是我把新主管請到我的辦公室，事先跟他講好，「我發現你的部門遲到情形很嚴重，所以等一下開會的時候，我會當面責備你說：『你為什麼沒有管好屬下？為何根據人資給我的資料，你們的上班情況這麼差？遲到的人這麼多？你應該好好管理你的部門！』」

換句話說，就是我在開會罵新主管之前，先讓他心裡有數，告訴他為什麼我要這麼做。最後，再由我來扮黑臉，幫他建立職權，可以管理底下的人。

> **從一故一事一中一得一到一啟一發**
>
> **在公開場合責備屬下，巧妙建立其管理權**
>
> 這個故事的啟發是，我表面罵主管，其實是換一種方式，建立新幹部的管理權。當新幹部自己也被老闆罵了，更能讓屬下理解，新幹部在指正他們的時候，不是因為新官上任很兇，存心要給大家下馬威，而是背後也有老闆的壓力。

明確分工，授予責任，幫屬下建立職權

高階主管應設法幫屬下建立職權，**重點是明確分工，以各種方式授權低階主管，布達核決權限，賦予他們責任，甚至建立KPI、設定目標以便管理。**

包括業績目標、部門的客訪頻率、要開發出多少新客戶、要填寫客訪日報或週報、同仁的出勤到班等等，任何工作都可以設定目標，賦予低階主管責任與權限，帶領團隊達成。當然在此之前，高階主管要先與他溝通，希望他帶團隊做到什麼程度？

不僅如此，高階主管的工作重點還包括，**以各種方式幫屬下鋪路、站台，例如陪同**

新任主管出席重要的會議或簡報，甚至幫他開場；介紹他認識客戶、供應商，幫他引薦人脈關係等等。必要時，甚至藉由公開責備新任主管，讓他有充分的責任與權限來帶團隊；當然在此之前，高階主管可透過事前的照會，讓新任主管不會心裡不痛快，更能幫助他無形中建立職權。凡此種種，做好這些環節，是向下管理的成功關鍵。

教練式的領導統御，不直接給答案

許多老闆採用「命令式」的領導，看到底下主管的管理績效不彰，就叫來臭罵一頓，直接命令他該怎麼做，從不給屬下反映的機會，我認為是不理想的。

另一種是發現屬下的問題，就急著給答案。這是「老師式」的領導，有點像是直接回答屬下的「問答題」。因為沒給屬下機會思考，我認為也不是很好。

「教練式」的領導則不同，是用問問題或討論的方式引導部屬，不直接給答案，有時候甚至用駁回的方式，激勵屬下自己想出答案。等屬下自己提出見解之後，再給予進一步的引導與建議。

教練式領導更強調訓練屬下，**不再提出問答題，而是自己整理出幾個方案，提出選**

擇題讓主管選。甚至更進一步，讓屬下自己思考利弊，找出他認為的最佳方案，用是非題來問主管：照這個方案進行好不好？如此一來，**主管只要稍加引導，告訴屬下決策判斷的理由，就能漸漸幫助他走上正確的路。**

當主管用教練式的領導來訓練屬下，屬下將能提出更好、更周延的方案，主管未來也能更有效率地做出決策。

以傳道士精神，給屬下無私的建議

有時候，當屬下犯錯，主管總是想當好人，不想責罵教導。我認為正相反，這樣做根本不是當好人，而是害了對方。**主管應該要以傳道士的精神，不厭其煩地引導，讓屬下成長。**

以我自己為例，碰到屬下犯錯、表現不佳，我可能請他到辦公室一談就是半個鐘頭。談完出去，他可能會有兩種想法，一種是：「今天真倒楣，被老闆釘了半個鐘頭。」另一種是：「真謝謝老闆，花這麼多時間教我怎麼做。」

但是，無論屬下想法如何，我總是告訴自己要無私地給建議。就像傳道士傳遞拯救人的福音，笑罵由人，他還是要繼續傳，因為他覺得是為了眾人的益處。同樣地，**我是為屬下好才對他們講，他們會感激我或私下罵我，我已看開，我還是要傳遞。因為這些建議不是為了我自己，而是為了公司與屬下能夠更好。**

何況，當你擔任主管，真誠地引導指正屬下時，他們被你唸了，也許當下不高興；**但過了一陣子，發現你是為他們好，也可能轉念，甚至非常感謝你也說不定。**

主管把功勞留給屬下

另外，在公司常見的情形是，高階主管幫了屬下一些忙，讓屬下完成重要任務，或幫助底下的小主管把團隊帶得更好，因而成果斐然。

這時，我建議高階主管要有一種觀念，對於這些成果，屬下在後端也做了許多努力，他們的貢獻是不能抹煞的，你甚至要把主要的功勞留給屬下。即使高階主管提供了計畫、概念、人脈關係等，促成某項工作的成功，但既然你是主管，就要把這些當成是份內的事。

某些主管很喜歡攬功，經常把自己的貢獻掛在嘴邊，久而久之，不利於領導統御。

我建議還是以稱讚屬下的表現為主，屬下完成任務也有功勞和苦勞，絕對要加以肯定。

向下管理的溝通祕訣：耐心聽，私下講

主管要能夠耐心傾聽，因為屬下往往很難表達真正意見，講話一直繞圈子。如果你碰到這種情形，有一種可能，是屬下的表達能力、邏輯能力確實比較差，如果你沒有用心聽，就很難了解他真正的意思。

第二種可能，是屬下有所顧忌，他很清楚自己要說什麼，也有能力表達，但他不敢講，才導致講話繞圈子。這時候你就要耐心傾聽，從他言語中的蛛絲馬跡揣摩，甚至旁敲側擊的問話，才能抓到他真正的用意。

除了耐心聽，主管也要適時講出該講的話。比方發現屬下有缺點，可以私下提供建議。有時候屬下真的犯錯，都不講也不對，必須公開指正的話，那就點到為止，而不是罵得太重，讓屬下面子掛不住。

公開場合過了之後，不妨透過私下心談的機會，跟屬下分享實際情形，讓他明白哪裡做得不好，再加以糾正。這時候，屬下通常會非常感激。

在公眾場合罵人，會讓屬下感受不佳。除非有特別的用意，例如要幫屬下建立職權等，而且事先打點好，否則我不會做。請記得，**同一件事，公開講或私下講，效果是截然不同的。**

結論

教練式的領導統御，收效宏大

- ◆公開責備底下的主管，可以是幫他建立職權的一種方法，但要注意需事先告知當事人，才不會產生反效果。
- ◆此外，明確分工、布達核決權限、設定KPI等，都是直屬主管幫助新主管建立職權的方法。當然，直屬主管也不要忘了替新主管鋪路、站台的重要性。
- ◆教練式的領導統御，以引導為主，而非威權。強調訓練屬下獨立思考，不是問主管問答題，而是自己歸納出幾個方案，問選擇題或是非題，讓主管更有效率地做出決策。

◆建議主管以傳道士的精神，給屬下無私的建議，即使一時遭受到抱怨，也不要灰心。長久耕耘，將讓屬下真正成長。

◆當主管把功勞歸給屬下，屬下有錯也用心輔導。耐心聽，私下講，通常都會收到不錯的效果。

30 化解企業接班的溝通難題：明確授權，私下約會

特助有哪些權限？認知不同問題多

我輔導企業接班的二代，問他們說，掛特助有哪些權限？可以決定什麼事情？他們常說，沒什麼可決定的，好像都是爸媽在決策。

但你問上一代，他們卻往往會說，特助可以做決定啊，很多事情他都可以做！

結果，爸媽覺得他們已經交下去了，已經授權了。兒女卻總以為他們不能決定，尤其掛特助的時候，更覺得自己沒有實權。這到底是怎麼回事呢？

從｜故｜事｜中｜看｜見｜迷｜思

缺乏明確授權範圍，認知不同，各自解讀

這是發生在許多企業交班、接班過程的真實狀況，迷思在於「認知不同，各自解讀」。企業第一代認為許多事務已經交接了，下一代可以接手了；第二代卻總感覺到，自己沒有「說了就算」的權力，核決權限還是在爸媽身上，要第一代拍板才能定案。

確認二代的職務定位，建立核決權限表

核決權限的建立非常重要，但是，單純將接班人任命為「特助」，其實沒辦法有效賦予他職權。對上一代來說，可能覺得特助可以做許多事。但就公司體制，特助就像掛在董事長、總經理旁邊的耳朵，機要事務他們都會知情，甚至參與討論，但是沒有真正的核決權限。因為「特別助理」在本質上仍是老闆的「助理」，而非公司的主管。

解決之道，一是**建立明確的組織架構，不是讓二代只當特助，而是正式任命他擔任

某個部門的主管。**他也可能不只接受一項任命，有些可能由他直接負全責，有些是兼任，某些則是從旁擔任協助的角色。**按著公司體制走就很清楚了，什麼事二代可以做決定，哪些人歸他管，都有規範。

有時候，上一代會覺得二代還在學習接班，無法馬上掛高階主管的頭銜，於是讓他們在身邊擔任特助。這種安排當然也合理，但我會有兩點建議。第一，下一代在接班的學習曲線中，犯一些錯誤是必然的，在合理的範圍內要容許他們犯錯，讓他們自己跌倒再爬起來，才會成長。如果上一代完全不放權，讓二代必須事事問爸媽，接班就很難有任何進展。

第二，**即使讓二代擔任特助，也不能老是只在旁邊聽。當他們跟在一代身邊學習，累積一些經驗之後，一代就要為他們建立核決權限表。**也就是列出清單，哪些事情二代可以決定，給他們明確的授權範圍。

即使開放的權限不大也無妨，但總要有個開始，以後再慢慢調整加大。例如從較低的採購金額、交際費開始，讓他們決定。如此，他們就會開始學習做決策，逐步達到接班的目標。

二代要尊重爸媽是上司，私下約會改善溝通品質

我也經常為企業第二代做心理建設，建議他們雖然不要當 Yes man，凡事問爸媽，但也不要當面衝突。別忘了他們既是父母親，也是上司。

有時候孩子對雙親，在溝通不良的時候，反而比外人更沒禮貌，脾氣很大，這樣很不理想。我會建議二代，在公司裡對上一代的態度，應該比照對外面的主管。**清楚地在心裡做好設定，回到家以後他們才是父母親，在公司要以上司看待，不定位為親人。**

那麼，要談一些心裡的話，怎麼辦呢？有些事情，既跟公司的業務有關，卻也牽涉到私人情緒，很難定位是公事還是私事。特別在家族企業中，經常遇到類似的狀況。這種事在公司不好談，但回到家中，又有配偶與其他家人在，事涉公司機密，也不好說。

這時，我會**建議二代做好安排，在外頭獨立的空間，私下與爸爸或媽媽約會**。透過這種情境，反而容易反映、表達許多意見。我把這方法教給二代，在許多公司都證明確實有效，兩代之間的溝通品質改善很多。

既然接班，就別在心裡替自己找退路

很多企業二代接班時，會有一種猶豫不決的心態：假如做得下去就留下來，如果不適應就打退堂鼓，想跳去外面。

這種想法，絕大多數是不切實際的。我遇過許多例子，二代自己是獨子，或者雖然有其他兄弟姊妹，但人都在歐美不可能回來。其實他們心裡都清楚，等到爸媽老了，一定是他們接，但心態還是猶豫。這就不合理了。

通常我都會用直接的問題點破他們：「如果爸爸媽媽十年後老了，你是要接班，還是解散公司？假如要解散，你能提出更好的創業計畫嗎？」

他們經過思考，多半都回答我，因為創業不容易，而原本的公司已有基礎，接班上一代的事業還是最合理的選擇。即使現在不接，十年後爸媽年紀大了，到時候仍然要接。既然如此，我就很容易幫他們釐清，應下定決心接班，不要在心態上覺得自己隨時可以跳出去。

當二代想清楚，建立這套思維模式之後，許多行為也會開始轉變，態度更加謙卑，

可以聽得進爸媽的話；而且對公司更有歸屬感，把它當成自己的事業，願意扛起責任。

結論

明確授權，有效溝通，化解兩代認知差距

◆在企業接班時，兩代之間認知不同，各自解讀，是常見的現象。

◆上一代要化解這種問題，首先需要明確授權，例如直接任命二代擔任某部門主管；即使是任命他為特助，也要逐步建立核決權限表，讓他知道什麼事情自己可以做決定。

◆二代要尊重爸媽是上司，以禮相待。心裡的話可以透過私下約會來溝通，效果往往很不錯。

◆二代既然接班，就不要在心裡替自己找退路。不妨問自己，是否遲早都要接？如果答案是肯定的，現在就要下定決心，而當二代有這種健全的心態，就更能承擔重任。

31 分工不重工，避免主管仍在做屬下的工作

幫助理打資料的協理

某一次，我去找一位協理，看他坐在電腦前一直在忙，我就去辦點別的事。沒想到，兩三個小時以後回來，他還是老樣子。

因為他是一個重要的產品負責人，我就跟他聊天，問他到底在忙些什麼？他說下個月要去參加一個供應商會議，現在正忙著把這些資料趕快輸入，不然可能會來不及。

我好奇地問，資料輸入不是應該由助理來做嗎？為什麼你親自做呢？他就回答我說：「你不知道，我的助理很粗心，常常把資料輸入錯誤。我到供應商那裡往往會因為他的錯誤，造成我的麻煩，所以我都自己做。」

他甚至有點沾沾自喜地說：「我自己來做，一次就搞定。要是交給那個助理，就算來來回回修訂好幾次，還是會被嫌棄哩。」

這種說法，讓我簡直無法置信。

從─故─事─中─看─見─迷─思

剝奪屬下學習改過的機會，並浪費公司資源

這位協理的迷思，是未認清工作的分工，不知不覺跳進去做屬下的工作。明明他領的是協理的薪水，做的卻是助理的工作，對公司資源是一種浪費。

身為主管，應該要訓練屬下，讓他們有能力接手基本的任務，否則就是失職。而不是連最簡單的輸入資料都事必躬親，還自鳴得意或沾沾自喜！

分層負責不重工，千萬別讓屬下失能，累死將帥

主管應該時時思考，依照二八法則，做合宜的授權與分工，哪些事情應該主管自己來，哪些事情應該交給屬下。以一位協理來說，他底下還有各部門的經理，蒐集彙整會

議資料通常是經理的事，他自己只做更高階的整合，或給意見叫經理們補充、修改，輸入資料則是助理的工作，最後由他自己檢閱定案即可。絕對不是連輸入資料這種事，都拿回來自己做！

各級主管的常見問題是，因為屬下做不好，所以自己來。用卡內基的說法是，這個主管又「買單回來」了，意思是本來賣出去的東西又買回來了，原先已經交給屬下做的事，屬下卻做不好，主管就替屬下買單，幫屬下做本來該做的事，這是錯誤的。

其實主管的角色，應該允許屬下犯錯，走過學習曲線的歷程，給屬下機會與時間去做，做錯了再發回修正。每次修正都是機會教育，讓屬下每次進步一點點，直到他能夠獨當一面為止。

當然，這需要花時間。經過一番訓練，也許屬下不會再犯同樣的錯誤，但碰到新的狀況，他又可能會犯新的錯誤。主管往往覺得很煩，很想衝動地拿回來自己搞定，但這時候還是要耐心訓練，直到屬下能夠舉一反三，碰到不同的狀況能獨立思考，甚至懂得列出幾個方案向主管請示，才算成功。

主管輕易拿回來自己做，看似省時省事，其實是浪費自己的生命。**主管應該把自己**

定位為教練，以培養人才為要務，謹記要先花費時間，把人訓練起來，之後才能真正節省時間。

讓屬下學會問選擇題、是非題，讓決策與執行更精進

當屬下學會有問題要回報，是一種進步，可是別讓他們只會問「問答題」。屬下每次碰到狀況，就問老闆怎麼辦？這樣他們不會成長。所以除了特例，我幾乎不回答屬下的問答題，公司付給員工薪水，應該由屬下告訴主管答案才對。

我建議各級主管養成習慣，要求屬下先研究過當前的狀況，經過思考甚至多元聯想，提出方案一、方案二、方案三，也就是至少要提出「選擇題」。當屬下不知道選哪一個方案比較好，來請示主管，分析何者較優，這時主管才可以指導。因為屬下已經自己思考過，如此一來，在主管指導的過程中，屬下也會有更大的進步。

更好的情形，就是屬下來請示主管的時候，已經把選擇題變成是非題。意思是屬下已經自行分析過方案一、二、三，把方案的優缺點全都比較過，思考過利弊得失，最後他覺得某方案最好，請示主管是否採納。

主管看屬下已經做過許多功課，各方面考量頗周全，就可以直接核示同意，讓他放手去做。或是根據屬下的方案，指點一些更好的做法。如此一來可以最省時間，而且把效益提升。**當屬下來找主管討論時，初步的思考都已經做完了，時間可以花在讓方案更「精進」，這是最理想的。**

換位子也要換腦袋，升遷後工作一定要升級

我常強調，換位子也要換腦袋。常見的問題是一個人升遷之後，不僅想法沒變，而且不信任屬下，還是自己跳下去做本來職位的工作。但若是這樣，公司為何要拔擢你升遷呢？

當經理就該做經理的工作，當協理就做協理的工作。升上協理之後，要務是培養經理人才，讓他去做經理該做的工作，而非自己跳進去做經理的工作。假如高階協理居然去分擔助理的工作，那就更不可取了。

培訓員工應投入心力，確實不適任要勇於淘汰

如果屬下是扶不起的阿斗，如何訓練都不成，怎麼辦呢？建議主管首先要誠實地面對，自己真的有把心力放在訓練員工嗎？還是自己忙得不亦樂乎，讓屬下自生自滅？在培訓上面要願意花時間，這是第一步。

如果有心培訓，接著就要檢視是否用了正確的訓練方法，例如剛才提到要求員工提出選擇題、是非題等。

假如花了許多時間和心力培訓，訓練的方法也沒問題，屬下的能力卻依然無法提升，甚至接受訓練時的態度不佳，不願配合，就表示他不適任這份工作。**對於不適任者，經過一段時間的容忍與修正，實在不適任就該淘汰，換一個人來做，而不是高階主管自己跳下去做。**

結論

主管應重視培訓，適當授權，分層負責，而非與屬下重工

- 主管應該把自己定位為教練，以培養人才為要務，要先花費時間，把人訓練起來，之後才能真正節省時間。
- 經過適當的授權，分層負責，讓經理做經理的工作，助理做助理的工作，才能發揮團隊的最大效益。
- 建議主管們養成習慣，不回答屬下的「問答題」，而是要求屬下先研究過當前的狀況，提出方案一、方案二、方案三，也就是至少要提出「選擇題」，甚至思考利弊，提出「是非題」。
- 對於不適任者，經過一段時間的容忍與修正，實在不適任就該勇於淘汰，而不是高階主管自己跳下去做。

32　不下太多指導棋：容許員工犯錯，才能逐步成長

下指導棋反而壞事

有一次，我跟台灣一家企業的老闆去日本考察。行程的前兩天，這位老闆需要去別處辦事，就派了一位副理來接待我們。副理開車載我們去參觀許多場所，把每個人都接待得很周到，流程安排十分順暢，開車也開得很好。

不過到了第三天，他的老闆開始參加我們的行程，就坐在副理的旁邊下指導棋，何時要開右線道，何時開左線道，不能開太快、前面有紅燈等等，給了非常多的指示。甚至於在倒車的時候，這位老闆還跟副理講，靠左邊一點，或是右邊一點，東指揮西指揮，結果就撞車了。

其實前兩天，副理的車開得非常好，誰知道老闆一出現，卻變成這種結果。

從一故一事一中一看一見一迷一思

不信任員工，凡事介入卻帶來反效果

這位老闆為什麼會插手？迷思在於不信任員工，凡事都要自己介入，下達非常多的指令，讓員工無所適從。

另外一個迷思在員工身上，比方故事中的副理看到老闆出現就緊張，使得他本來會做的事情，也變得不會做了。

當老闆的人，不要老停留在過去的記憶

就老闆的角度，這位副理也許以前開車開得不好，可能因為撞過一兩次車，給了他不好的印象，老闆的認知就一直停留在過去，總覺得副理經驗不夠、做得不好，自己非得插手不可，反而弄巧成拙。

因此，老闆要常常告訴自己，不要停留在過去的記憶中，因為屬下經過一段時間的磨練，可能已經成熟了很多。應該讓屬下放手去做。

容許犯錯，員工才會成長；不許犯錯，只好獨撐大局

老闆往往不容許員工在學習時犯錯。其實小孩子剛開始學走路，一樣會跌倒，如果我們不讓他跌倒，他根本不懂如何爬起來。訓練員工也是如此，要給他機會嘗試，在學習曲線中難免發生一些錯誤，老闆需要容忍、糾正，然後員工就會學到經驗。

往下延伸，在組織裡面，如果老闆不容許員工經歷犯錯的過程，就會變成老闆獨撐大局，凡事都靠自己的兩隻手，二十四小時盯著。這種公司一定長不大，因為老闆永遠親力親為。公司裡的大小事情，根本不敢授權出去。

相反地，在健全的公司，老闆會根據二八法則來授權。八〇%的事務，交給第一線小主管就好了，剩下二〇%重要的事務，再由上一層主管來決定。

老闆獨撐大局，不敢授權，導致效率降低，經常都是從「對員工沒信心」、「不容許犯錯」而開始的。

適當授權，不要過多干預

同樣的情形也會發生在父子、兩代之間，甚至企業接班。上一代創辦人因為看著接班人長大，留在過去的印象裡，總覺得他是個不牢靠的小夥子，於是干預太多，礙手礙腳，讓接班人工作的成效變差，陷入惡性循環。我們在許多公司都看到這樣的問題。**解決之道，就是及早做適當的授權，讓底下的主管、接班人、第二代學著自己做決定，不要過多干預。**有了這些基礎，到了創辦人必須交棒時，事情才會比較順利。

挖角來的人才比較行？

此外，在公司升遷的時候，主管的判斷也可能受到迷思所影響。假設公司有一個重要的職缺，到底要從內部升遷？還是從外面找人才？

對此，老闆經常會猶豫不決，因為跟公司裡面的人相處很久，好像常常看他犯錯，不知不覺老闆會覺得：這個人不太行。相對地，**外面的人才可能本來就對這個職務有經驗，老闆又沒有看過他過去犯過的錯誤，就覺得他可能比較好。**

有時候，內部員工的條件已經足以升遷了，意思是工作能力、績效、態度都良好，只是對新的職務缺少經驗而已。不幸的是，當老闆受到迷思影響，內部員工往往還是輸給外人。其實，**只要員工表現符合一定水準，例如功力已達七〇%的內部同仁，我建議**

應該勇於拔擢，讓他在這個職位上累積經驗，慢慢就會進步。

跳槽以後，發展反而更好？

反過來看，這種迷思也導致人才從公司跳槽出去。我們往往看到一種情況，離開原公司到別家去的某主管，可能職位更高，薪水更優渥，對業務也掌握得更好。

這是由於某主管在原本的公司，可能曾經犯很多錯誤，老闆不給機會，導致在當時的職位只能發揮出百分之六、七十的能力。但是當他跳去別的公司，別人當作寶，加以重用，他的表現就全面提升了。

所以我們經常看到，某人在公司裡表現不怎麼樣，跳槽後卻被升遷。甚至他出去開公司、創業，做得很好，都是因為原本的老闆只看到他的缺點，卻沒有讓他的優勢發揮出來。

不礙手礙腳，家庭更和樂

同樣的道理也可以應用到家庭。有時候先生開車，老婆念東念西，導致兩人都很不愉快。最糟的狀況，甚至吵到其中一方要下車，讓對方自己去開。

或是太太燒菜，先生一直念，結果太太就氣得不想煮飯，讓先生自己去煮好了。這都是礙手礙腳造成的負面後果。

反過來說，不去插嘴，就能安然無事，家庭生活也會很好過。

結論

容許員工犯錯，並適當授權，加速員工成長

◆不要對員工、接班人綁手綁腳，下太多指導棋，而是要容許他們犯錯，學到經驗。適當授權，才能讓屬下或下一代逐步成長。

◆對公司內部人才要珍惜，不要只專注於挑錯，要看到他們的潛力，勇於拔擢，給予機會發展。

◆適當拔擢內部人才，才不會讓人才出走，而是留下來為公司創造更大的效益。這樣做，對公司整體是更有利的！

33 不要洗臉礙到鼻子，避免誇獎一人，得罪九人

洗臉礙到鼻

洗臉的時候礙到鼻子，這句諺語是什麼意思呢？

我是南部人，有一次回家過年的時候，買一些禮品回去，拿回去送給父母親。父母很高興，他們一開心，在坐滿了親朋好友的餐桌上講，「哇，北部的孩子回來的時候很孝順，買了什麼東西給我用，又買了什麼給我吃。」

當場我就看到其中兩位與父母同住鄉下的兄弟，一副不以為然的臉色。接下來的兩天，我這兩位兄弟都不太與我說話。

從一故一事一中一看一見一迷一思

言者無心，聽者有意，意外得罪其他人

父母親的迷思在於，他們本來是好意，心裡高興，把北部回來的孩子讚美一番。但是在旁邊聽到的兄弟姐妹，可能平常就住在鄉下，每天都煮飯給父母吃，心裡就不是滋味了。他們可能會想，「住北部的，一年回來兩三次，拿這些東西回來就好像很孝順，我每天都煮飯給你吃，服侍你，反而不孝順嗎？」

這裡面，父母就是犯了一個錯誤，好意誇獎從北部回來的孩子，但是影響到了其他兄弟姐妹，讓他們不以為然，這就叫做「洗臉礙到鼻」。假如你是從北部回去的孩子，將來就變成你被討厭。父母的善意，反而造成你跟其他兄弟姐妹的隔閡。

送禮不要張揚，誇獎面面俱到

如果你事先想到，可能會發生這種狀況，但你還是想要送東西，可以偷偷地送給爸爸媽媽，然後跟她說，等一下不要講。假如你給紅包，也不要宣揚，宣揚對你沒有好處。

同時你也要送一些禮物給平時在鄉下的兄弟姊妹們，感謝他們平時照顧父母。

父母親更要留意誇獎的場合，會不會有副作用？比方在誇獎時面面俱到，也同時誇獎在鄉下的兄弟姊妹們。

避免誇獎一人，得罪九人

這個觀念，可以應用在公司的組織管理。

有時候主管會當眾誇獎某個業務員說，「他現在業績做得很不錯，這個月創新高，他很努力……云云。」主管一直在誇獎他，但是下面的很多小主管，可能不以為然。主管認為從結果來看是很好，他接到一個大訂單，然後業績創了新高。但是底下人跟這個業務在一起工作，可能會知道這是偶然的，平常他根本沒有這麼努力，例如上班經常滑手機等等。若是主管不察，一味誇獎，領導威信就可能受損。

就算並非如此，那位業務真的很棒、很努力，若主管誇讚過度，最後這位業務還是會被同事討厭，甚至於被孤立。

因此主管要注意，不要當眾誇獎了一個人，但得罪了九個人。

稱讚與責備均有技巧，有時宜私下進行

以稱讚來說，如果真的要在大庭廣眾下宣布某人的某一項成就，最好也同時稱讚團隊成員支援與協助的功勞，讓大家同享榮耀，也會更團結。

或者，有些功勞不妨私下肯定。主管可以跟員工說，「我知道你做得很棒，但不便在全員會議裡面宣揚，這樣對你也許比較好。」**甚至可以私下給他多一點紅利，讓他自己知道就好了，不一定要在表面上做很風光的表揚。**

反過來也一樣，就算某人做得不好，你想責罵他，也不能不給他面子。沒錯，從事情本身來看，他是錯的，但是你當面撕破臉或者當眾責難，讓他面子掛不住，搞不好第二天辭呈就跑出來了。有時候如果顧到員工的心情，有智慧地處理，事情就不會鬧到難以收拾。

我的建議是，如果要指正員工的錯，最好私底下說，在公共場合就點到為止。都不去講出他的錯處也不對，但是不要講得太難聽，只要大概點一下，聰明人一聽就懂了，不要完全不留情面地罵到狗血淋頭。

就算要指責，也要留點餘地，比方說出他在某些方面是很努力的，但他就是犯了什麼錯誤。然後私底下再深入告訴他，其實他的問題在哪裡。這就是指正錯處的技巧。

往往你私底下糾正屬下，屬下比較能接受，更可能對你的教導心存感激。

獎勵前先測風向，旁敲側擊其他人反應

最後，在獎勵某位員工以前，建議先測一下風向。意思是說，假設你想要獎勵某個人，或許你可以趁著私底下聊天的時候，提到某部門的某個人，說他最近做得很不錯，看他的主管或同事，有什麼樣的表情或反應？感受一下，大家是贊成？還是覺得差不多，沒有什麼感覺？或者他們表現出情緒，認為自己做得比他更好更努力？

實際上怎麼做呢？可以趁著吃午餐或者晚餐，隨便聊的時候來測風向。不要很正式地問，「你覺得某人怎麼樣？」這樣絕對得不到答案。一定是旁敲側擊，聊到一半順口提一句，最近哪個部門的誰誰誰不錯喔，對方就可能講出真心話。

從幾個主管聊天裡面，歸納一下，你就會得到大概的答案，看看這一位你想誇獎的員工，別人對他的認可程度有多少。可以大膽去獎勵他嗎？還是說這裡面有很多隱藏的

問題？

主管需要先測測風向，再做決策。

送禮、邀約不可漏列，以免得罪人

在業務與人際關係當中，我們經常會請客、餽贈禮物、邀請貴賓參加某項宴會、活動等等。這時候，要考慮受邀者的團隊、親友、業務關係人，是否有些彼此熟悉或相關的人，像是長官或夥伴，應該同時邀請。

如果不方便同時邀請，有時候寧可都不要邀請，因為這些人都可能互通訊息。

總之你需要留意，避免邀請了一個人，反而得罪了九個人。

察言觀色，適時切換話題

聊天也是一樣的，常見的狀況是，同桌有十來個人，可能兩三個人對某個話題非常感興趣，高談闊論，但其他人不感興趣，被晾在一邊，感受就很不好。

舉例來說，宗教、政治等敏感話題，都可能有類似情況，若你只關心其中某個宗教或黨派，一直在談，同桌其他人未必贊同，就會造成尷尬，甚至不快。

即使不是聊敏感話題，如果你跟某位客人一見如故，一直聊某些話題，例如嗜好、球類等，但這並非其他賓客的共通話題，讓其他人插不上嘴，這也是另一種「洗臉礙到鼻」。其實，這時候應該切換話題，某些題目另外找時間私下聊就好。

在Line群組或任何社群發文互動的時候，跟聊天是一樣的，都可能發生這種狀況。**所以，在聚會或群組互動中，需要察言觀色，適時切換話題，就能面面俱到。**

結論

捧一人，損九人，這是大忌

◆職場上的讚美，有時候要私下低調進行，以免讓接受稱讚的人反而被孤立。責備也一樣，有時需要私下進行，留點餘地。

◆生活中的送禮、請客、聊天，也要留意，不要只照顧到一人，讓其他人受到冷落。

◆要注意面面俱到，別讓一個人開心，九個人不開心，那就虧大了。

34 感染形成好氛圍，讚美代替處罰，善意謊言也是對的

創造歡心服務的氛圍

十幾年前，我參加慈濟靜思營，活動中雖然去了許多地方，行程相當複雜，帶隊的志工們在細節上卻做得很好，我忘了拿東西，他們都親切地送到。更重要的，每件事我都看到他們帶著笑容在做，我就很好奇，他們是帶著什麼心態在做這些事？

因為在靜思營睡硬板床，又有蚊子，而且沒冷氣，我根本就睡不著，睡不著就想東想西，最後終於想通了，靜思營的志工們比我更忙碌，也同樣在炎熱的環境中，能如此親切實在不簡單！為什麼？原因是他們帶著歡心在做。但為何這個團體可以讓他們一直帶著歡心？這個氛圍是如何形成的？我仍然不了解。

後來我進一步體會，看他們做早課，每天都有三、四個人分享自己的故事。假設聽一兩個故事，或許沒感覺，但是聽到第三個、第五個故事，也許跟你的家庭成長背景相

近，或跟你當前的心境有關，你就可能被打動。從此而改變、同理，能夠加入這個歡心的「氛圍」中，一起快樂地服務他人。

另一個故事也類似。我出差的時候，看到許多空中小姐的服務與笑容都很不錯，其中新加坡航空公司特別讓我印象深刻，不但笑容燦爛，連嘴咧開的程度都很一致。我忍不住好奇地問了其中一位空中小姐，到底是誰訓練她、如何練出來的？

她的回答令我意外，其實笑容這方面新航沒有安排訓練，而是九十九個人都笑，一個人不笑反而很奇怪。所以她們自然會笑，甚至每個人融入這個大家庭，連笑容也變得相像起來。

從｜故｜事｜中｜得｜到｜啟｜發

營造團體氛圍，傳遞公司良好價值

透過分享，可以形成氛圍，讓你不笑都很難，這就是相互感染的力量。這些故事啟發我們，一旦團體的氛圍形成，將自然驅使每個人採取類似的行動。

> 如果在團體中，每個人都熱心幫助別人，不熱心的人就會待不住，感覺很不習慣；當然也有一種可能，他後來就融入團體，成為一位熱心助人的人。

以讚美代替處罰，形成良好氛圍

進一步談，當你讚美一個人，他的內心非常高興，就會自然往「被讚美」的那個方向發展。

比如主管看到一位同仁，自動把垃圾撿起來。這不在他的工作範圍內，是一個主動的行為，主管覺得很好，就在會議中表揚這位同仁，或是在布告欄張貼這位同仁的熱心舉動。從此，這項舉動就化為該同仁的行為模式，把他變成清潔達人，甚至他看到垃圾不撿，自己都會覺得很奇怪。

或者在電梯中，看到同仁幫別人搬東西，主管表揚他、公告週知，這種行動從此就成為該同仁的行為標準，因為他已經被塑造成熱心達人，自然就會幫人拿東西、幫忙按電梯。

根據我的管理經驗與觀察，屢試不爽，**用讚美代替處罰，很有機會把同仁帶向正面、多一小步服務的方向**。一開始可能是某些「個人」帶著歡心去做，當這些人越來越多，就形成良好的氛圍，漸漸地感染大家都去做，而且他們會感覺非常榮耀且快樂。

分享好事蹟，是最好的 Team building

當主管發掘出同仁的「好事蹟」，經常在公布欄、會議，甚至某些特別安排的活動中表揚，還會有延伸的效益，就是建立更樂於合作的團隊。

首先，大家會認識這些被表揚者。接著，彼此之間就有了話題，團隊關係隨之改善。過去中午用餐時，很可能都是幾個熟朋友湊在一起，但這些表揚的機制，卻能讓本來不熟悉的同仁有機會認識對方，在各種場合中容易促進交流，對於工作上的相互支援，甚至部門與部門間的合作，都有好處。

長此以往，公司團隊彼此的連結將不斷增強，所以我說，分享好事蹟，就是最好的 Team building！

創造機會適當表揚，是最省錢又最好的肥料

許多公司常用獎金、調薪或其他物質獎勵，來創造員工努力工作的誘因。但用物質獎勵產生動機，是永無止盡的，人心會想要更多，而效果卻可能遞減。

在物質面沒有虧待同仁的前提下，如果從精神面創造動機，往往花最少的錢，動力卻最長久，員工也最有榮譽感。

怎麼做呢？一個可行的方法是創發激勵的活動，像我就舉辦過「多一小步服務」的激勵活動、服務滿意度調查與表揚、六心服務滿意獎……等等，藉由活動的機會，選拔在這些方面表現突出的同仁，請他們把熱心服務的經驗寫出來，或是上台分享，或由推薦者分享得獎者的事蹟。

此時，受獎者當然非常有榮譽感，其他人也能隨之學習。**因此，對於提升員工工作動機與品質，創造機會適當表揚，可謂最省錢又最好的肥料。**

讚美跟誇獎，善意謊話也是對的

誇獎別人有時難免不符合「你內心的真實感覺」，比如說見到年紀已經不小的阿嬤級女人，還是要稱她美女或大姊，如果稱她阿姨或大媽，她一定不高興。有時她看來明明就胖胖的，還得找出她的其他優點，誇她最近苗條多了，或氣色很棒等等。乍聽都好像是謊言，很容易讓人猶豫不決，說不出口。

我覺得說一些善意的謊言，對自己無傷，卻對別人有益，應該算是一種利他的行為。其實有時候也很難分辨是不是謊言，比方說太太問你下輩子還要不要娶她？你回答說一定會，可能有一點勉強，但誰也不知道下輩子是什麼，說了又有何妨？我曾聽過很妙的回答：「妳長得這麼美，這麼優秀，我只怕下輩子追不上妳！」既沒說謊又誇讚了對方，也非常好。

在無傷大雅的場合中，例如問候、聊天、寒暄，**只要是能安慰別人的、讓別人高興的話語，我認為即使跟你當時「內心的真實感覺」不太一致，都算是善意的謊言，屬於日行一善，不必猶豫多說無妨**。但欺騙別人、造成傷害的行為就不可取了。

先誇獎，再指正，效果更佳

對幹部、屬下的指正與建議，也是一樣。有時你看到幹部的缺點，直接開罵，心裡還認為自己是「實話實說」、「說出心裡的話」、「我就是直腸子」，我認為這樣的行為是不智的。

看到幹部的缺點，就算心裡不高興，還是先誇獎對方的某些優點，再談哪些地方可以改進，這不但不是說謊，還是一種讓人「聽得進去」的高明溝通方式，效果更佳。比如跟對方說，你哪些地方做得很好，不過在某方面有個小地方可以改進等等，既讓對方舒服，也滿足了提醒與改善的初衷。

結論

將正面感染力帶入管理，邁向多一小步服務的方向

◆ 透過分享，可以形成氛圍，讓人自然採取跟團體相合的正面行動，這就是相互感染的力量。

◆用讚美代替處罰，很有機會把同仁帶向正面、多一小步服務的方向。

◆主管發掘出同仁的「好事蹟」，公告周知，是最好的Team building。

◆從精神面創造員工的工作動機，往往花最少的錢，動力卻最長久，員工也最有榮譽感。

◆只要是能安慰別人的、讓別人高興的話語，我認為即使跟你當時「內心的真實感覺」不太一致，都不必猶豫，多說無妨。

◆看到幹部的缺點，就算心裡不高興，還是先誇獎對方的優點，再談哪些地方可以改進，這是一種讓人「聽得進去」的高明溝通方式，效果更佳。

第四章

創新服務

35 提高客戶滿意度，從內部多一小步服務開始

從加賀屋看關鍵一小步的講究

可能很多人聽過日本北陸三大名湯之一「加賀屋」。我跟兄弟姊妹去當地旅遊，也特別安排入住。下遊覽車時，見到一名「女將」早已率領一群加賀屋員工，拉起歡迎布條迎接我們，手上還搖著青天白日滿地紅的小國旗，當我們經過，一律行九十度鞠躬禮歡迎我們。

我心中充滿期待，不料一看，旅館的外觀並不起眼，溫泉設備也比不上我去過的北海道溫泉。我不禁疑惑，加賀屋被譽為「日本第一」，是否言過其實？

第二天，加賀屋成功之處，開始漸漸顯露出來。當天是我三哥生日，他們的總經理竟然親自準備精美的禮物與蛋糕，幫他慶生。我想他們在內部流程一定下過功夫，同仁取得我三哥生日的資料，發現就在入住期間，立即回報總經理，並做準備，才有辦法如

此貼心。

返回台灣那天，更感覺他們服務的徹底。同樣一位「女將」領著員工在加賀屋門口歡送我們，甚至尾隨到機場。不但如此，在我們候機的時候，他們還準備了各式各樣的飲料，不分來取用的人是誰，都深深一鞠躬表示感謝。

加賀屋的送機人員一直送我們到入關閘口，我們都覺得已經很窩心了，沒想到服務還沒結束。當大家都登上飛機，導遊忽然指著航廈要我們看，順著他指的方向一瞧，加賀屋的人竟然排排站在航廈的落地窗前，對著我們熱誠地揮舞國旗，直到我們起飛都沒有停止。有些團員感動得眼眶都紅了。

這時，我才回想起幾天前，當我們的飛機降落在機場，也有一群人在同樣的位置對我們揮手，我恍然大悟，原來加賀屋的服務從我們落地那一刻已經開始。後來我才知道，那位帶隊的「女將」就是加賀屋的老闆娘，她已經七十高齡，居然還親自帶隊迎接我們！

從一故一事一中一得一到一啟一發

比期待多一步的服務，造就差異化服務

加賀屋給我們的啟發，是每一段服務都比別人的期待多一小步，從內部到外部都貫徹這份思維。拆開來看，或許每一步都微不足道，但許多小地方累積起來，就創造出差異化的服務。

從A到A⁺，其實就是多一小步服務

許多公司都希望從A到A⁺，卻沒有講清楚，要怎麼做才能達到A⁺？甚至陷入迷思，以為達到A⁺需要做什麼大的改變。

其實，如果「A」是優質服務，「A⁺」就是多一小步的優質服務，也就是超過別人的期待，比別人所想的多做一小步。謹記乘法原則的力量，每天只進步一％看來很小，累積三百六十五天，效果超過三十七倍！

從範圍看，你可以在每個作業環節的小細節上用心，串成讓人感覺貼心的服務。或在作業模式、機制或流程上，想出更好的做法，提出建議。

從服務對象看，不只是對外面的客戶、供應商、股東，對內的主管、同仁、屬下、親友，無論對象是誰，你都可以「多一小步」用心對待。

從角色定位，無論你是業務員、PM、財會人員，或是工程師、司機、助理，都可以在自己的職務上用心。**站在別人的立場思考，從衍生服務的角度發揮聯想力，就能做到「多一小步」的服務。**

內部服務好，自然外部服務就會好

大部分人還有個迷思，以為服務就是對外，是業務員跟客戶之間的關係。其實不只如此，**內部流程的事務也是服務，而且它跟對外服務的品質息息相關。**

決定客戶滿意度的關鍵，是對客戶問題回應的速度，而回應速度取決於公司內部的服務。一張客戶的訂單進來，會經過非常多的關卡，例如詢價、生產、驗貨等等，可能牽涉到許多部門，包括業務部、製造端、技術端、會計端，如果層層卡關，對外服務一定不會好。

相反地，只要公司內部流程不卡關，每一關速度都快，業務或客服人員的回應自然會

快，客戶的問題就能加速解決，滿意度也隨之提升。沒有抓到這個根源，客戶是不會買單的！

部門間的難解習題，唯有服務的心能解

內部流程會卡關，往往是因為部門與部門之間，有許多灰色地帶，某一件事到底是哪個部門負責，無法界定得非常清楚。**例如需求一來，A部門以為B部門會做，B部門以為A部門會處理，最後兩邊都沒做，就掉球了。**要是等客戶來催，才發現沒做，客戶當然會不滿。

有時候則是順序問題，某件事究竟應該是A部門先完成，才交給B部門，還是應該反過來？許多狀況是沒有明確規範的，造成部門互相卡關，甚至溝通困難。類似的情形還有許多。

想解決上述問題，不能完全依賴SOP。**因為SOP不可能包山包海，規範所有意外狀況。要解決，靠的是服務的心。**

無論任何部門、任何同仁，在內部流程都會扮演一個重要的角色，而這個角色的核

心價值，就是秉持利他的精神服務他人，彼此不卡關，互相幫助。

比方說，我這邊多做一點，對方就省一點事。對方沒想到的，我就提醒他。每一個人都盡力做一小步，成為良性循環，事情的處理就會快，最終提高客戶的滿意度。

結論

服務的心，是提升滿意度的根本

- ◆從A到A⁺，所謂＋就是多一小步服務，也就是用心超乎別人的期待，比別人所想的多做一小步。
- ◆提高外部客戶的滿意度，重點在於提升回應的速度，解決客戶的問題。
- ◆公司內部的事務也是服務。內部流程不卡關，對外的服務才可能加快，讓客戶滿意度提升。
- ◆部門之間的灰色地帶與溝通難題，無法靠SOP解決，而是靠一顆服務的心，每個人都多做一小步，讓相關的同仁做起事來更順暢，最後客戶才會更滿意。

36 從一杯水延伸到服務流程（SOP），帶進無限商機

一杯水的故事

有一次，我去一家運動用品店，買運動服、鞋子、襪子等等，逛了大概十幾二十分鐘以後，有一點口渴，我就進去跟服務小姐說：「可不可以給我一杯水？」然後她倒了一杯水給我，我就跟她說，妳這杯水其實應該早一點給我，進門的時候就應該給我了。

我舉了一個例，林森北路有一家高爾夫用品店，生意非常好。每當客人一進門，老闆娘就跑進去，從冰箱裡端了一杯玻璃杯裝的冬瓜茶給客人，看起來很漂亮，冰冰涼涼的冬瓜茶也很好喝，那家店的生意就很好。

剛才倒水的小姐一聽，就回應說，好像是真的。以前她有一個客戶進來，看起來不太想買東西，結果這個小姐看他在咳嗽，就進去倒了一杯熱水，放了一點鹽巴在裡面，客人喝了以後覺得舒服多了，到了最後，那天就買了三萬多元的產品。

從一故一事一中一得一到一啟一發

貼心服務，待客如親，也能帶來大商機

第一家店的迷思，是沒有在服務上用心，連一杯水也沒有。

後來談到冬瓜茶或是加鹽熱水的啟發，則是藉由服務的行動，讓客人感覺溫暖、備受尊重，成交的機會自然提高。

從一杯水，延伸觀察不同的服務品質

從提供客人一杯水，可以觀察一家店的服務流程。想想看，假設高爾夫用品店用的是紙杯，感覺就比玻璃杯差一點點，讓客人沒有備感尊重；其次，客人拿了紙杯未必會停留下來，也可以拿著紙杯跑到隔壁去，但老闆娘用玻璃杯裝了冰涼的飲料，客人又不可能咕嚕咕嚕地乾杯，這個時候他可能就留在店裡比較長的時間。

既然客人在店裡停留時間長了，一定會東摸摸、西看看，這就變成了老闆娘的促銷機會。當她有時間跟客人談話，靠著我常提的五四三聊天能力，可以延伸非常多話題，了解客人的需要，接下來就可能推薦給他很多的產品。

所以，從一杯水延伸，可以歸納出不同等級的服務品質。最差的當然是連水都沒有；好一點的就是有紙杯，讓客人自己拿；再好一些就是提供冰涼的冬瓜茶，用漂亮的杯子來裝，由店員端到客人手上，還可以跟客人談話。

一杯水的服務流程，是讓店員跟客人建立連結的起點。

如果到大陸去看，現在的服務已經更進一步，比方一家店生意很好要排隊，說不定客人在外面等的時候，店家已經在外面放了飲料，客人可以自己倒。

或者五星級的飯店，吃早餐的時候可能要等，於是飯店就把牛奶咖啡機放在餐廳外面，讓客人先喝，排隊的時候就比較不會抱怨。

從一杯水到CRM，提升客戶滿意度

我曾經幫某家連鎖藥局做服務的訓練，他們就發展出一套流程，準備一大桶檸檬水，用玻璃杯裝水給客人喝，還提供一張椅子，可以讓客人坐下來好好聊。

客人喝了水，開始聊天以後，總不能一下子就切到推銷產品。這時候，需要有一套

CRM（Customer Relationship Management）系統，即客戶關係管理的系統。

所謂客戶關係管理，就是一位客人進來，店員要知道他是什麼人。如果客人是第一次來，店員就要透過五四三的閒聊，了解他家裡大概幾個人，孩子或孫子讀哪個學校、大概年紀多大等等，藉此進一步地往下談，也在客人同意下，於電腦或手機上記錄一些個資。

如果客人從前來過，CRM系統就更有用了，輸入客人的姓名，就可以調出他從前購買產品的紀錄等資訊。

妥善建立共用資料，第一時間滿足客人需求

繼續延伸下去，客人可能聊到他的腳會痛、膝蓋會痛，或是其他的症狀。這時候就要有另一套「共用資料」，店員只要拿起iPad，就能看到各種商品的資訊，可以因應客戶的症狀，推薦給他，例如膝蓋痛就推薦葡萄糖胺、血液循環不佳推薦循利寧等等。

因此，公司要設計一套流程、派一組人來建立這些共用的內容，而且由主管檢視過。建立以後，每一家分店的店長、服務人員都可以共享，不會浪費。後續可能還要跟

廠商簽約，維護系統的正常運作。

而在落實資料共享之後，客人就覺得非常的溫暖，來到藥局受到關心，要聊什麼事情都可以，而且滿足他的需要。

善用客戶資料，換人服務品質不變

如果你去看朵茉莉寇的電話行銷，不管是主動電話行銷，或是客人打電話進來，CRM系統總能透過電話號碼調出客戶資料，讓行銷人員知道客人上次買了哪些產品。比方化妝品，客人買了哪些品項、什麼顏色，系統都記錄下來。下一次客人打電話來的時候，雖然不是同一位小姐服務，但是因為已經記錄在系統，行銷人員可以直接從眼前的電腦看到資料，接下去跟客人談很多事情，那就聊得起來。客人覺得行銷人員關心她、了解她，就可能繼續購買。

換句話說，客戶資料建檔一定要完善，而且把系統做好，讓所有員工使用都很方便，這樣一來，就可以達到「換人服務，品質不變」。

服務需要二次部署，主管隨時成為同仁後盾

另外一家叫三得利的，做得也很徹底，他們同樣使用電話行銷，而且還採取所謂的「二次部署」。

二次部署的意思是，在電話行銷的時候，有些比較資淺的行銷人員，也許對客戶問題無法回答得很好，他就可以舉牌子，請一位資深人員來接續處理，把問題跟客戶解釋得更清楚。

以上這些做法，都是在服務的細節上琢磨。因為公司非常重視服務的品質，就會做很多的設計，從系統到服務態度、客服談話的方式與笑容，都包括在其中。從一杯水出發，可以延伸出非常多的服務流程。

結論

行行都是服務業，需要用心滿足不同的對象

- 服務這件事是不分行業的，不只是藥局、餐廳、電話行銷，就算是一家製造業的工廠，也需要服務，只是服務的對象不同而已。
- 不要小看一杯水的服務流程，它是一個起頭，可以延伸到許多服務的ＳＯＰ，在任何產業、任何部門都可以應用。
- 而一杯水服務的核心，就是注意到客戶的需要，設計一套流程來滿足他，讓客戶覺得備感尊重，進而提升他的滿意度。

37 貼心給人方便，利人利己，創造雙贏

大公司怎會欠小錢？

我曾經幫一家公司培訓，談到多一小步服務，進行各部門的分組討論，意思是總務部坐在一起，人事部坐在一起，財會部、業務部、開發部也同樣分組，個別討論他們的部門怎麼做多一小步服務，具體的SOP和做法如何，對內部同仁、外部客戶可以帶來哪些效益等等。

於是財會部的同仁提了一件事，公司的供應商常說，希望可以準時收到貨款，所以他想在這方面設法做出多一小步服務。他的老闆剛好也在場，就覺得很奇怪，公司這麼有錢，為什麼會欠供應商的錢，讓他們無法準時收到？

那位老闆簡直不能置信，甚至無法接受，因為他是白手起家，以前就很氣那些不讓他準時收到錢的廠商，覺得他的公司怎麼可以做這樣的事呢？

接下去我分享自己的故事，我也當過基層員工，一個月薪水只有三千多塊。當時我經常為了公務外出洽公，騎摩托車要跑很多地方，一個禮拜加油的錢大概一兩百塊。可是我跟出納申請油錢的時候，經常遇到一種狀況，問他上個禮拜申請的錢下來了沒有，他說還沒有。甚至可能拖幾個禮拜還催不到。

其實我的心裡很不痛快，一兩百塊對公司是很小的錢，但是我一個月才領三千多，要是連續幾個禮拜申請不到，累積四五百塊對我也是不小的數目，延遲撥下這筆錢，對我是很麻煩的。後來我自己開友尚，就把一筆零用金交給出納，員工的油單一報上來，直接撥款，流程由出納去跑就好。

聽了我的故事，我培訓這家公司的老闆和員工，都覺得很有感；加上他們自己對服務這件事非常認真，後來就做了很大的調整與改變。

從一故一事一中一看一見一迷一思

請款流程冗長費時，造成供應商不便

我培訓的這家公司，老闆的迷思是，以為只要下一道命令，就能讓供應商準時收到貨款。事情沒這麼簡單，可能因為他已經太高階了，所以想不到。其實付款有很多流程，需要通過ＱＣ部門的驗收，對帳單、開發票等等，許多流程要跑，並不是財會部故意要苛扣供應商的貨款。**要解決這問題，還得從流程下手**。

第二個迷思，在很多公司都有，就是不管大錢小錢，請款就是要照一套既定的流程走，經常拖得很久，讓底下的人非常不方便。

有心，就能做到多一小步服務

剛剛提到，我培訓的那家公司，對於多一小步服務非常積極。上完課一個月後我再回去，它的財會部已經買了一套軟體，員工將來不管出差到歐洲、到美國，只要把供應商的單據用照相回傳，這套軟體會自動辨識單據，假定其他流程都沒問題，錢就會直接匯到供應商的戶頭去。這樣就不用等到員工回國，上繳單據才撥款，造成延遲。

其他流程怎麼多一小步服務呢？他們公司甚至採購了一套CRM系統，讓廠商可以上網看他的驗收流程、發票流程還缺哪一塊，甚至看到公司開支票的進度，廠商將在哪一天收到錢等等，一清二楚。如此一來，往來廠商對這家公司的印象自然越來越好。

給人方便，才會給人好印象

至於我當年申請油錢請不到的經歷，也影響我後來經營公司的制度。在友尚，我規定把一筆零用金放在出納的櫃台，油單一報上來，直接撥款給員工，請款流程由出納去跑就好。這對於公司不是什麼大錢，不妨給人方便。

有些公司在小地方處處防範，怕員工浮報油錢，用層層流程管制，拖得很久。其實，萬一發現員工的確是浮報，大不了扣薪水，只要他在這邊上班，公司還是扣得到，沒什麼好怕的。

老闆有這份心，改變就不難。只要給人方便，員工的向心力也隨之提高，公司的發展也會更好。

不刪尾數，讓人減少許多困擾

我在出來創業以前，當業務員的時候，還碰過一個困擾。給廠商的請款單後面通常有些零頭或小數點，比方總額是一百萬，有個尾數五塊錢、三塊錢，或是五毛錢，對方的會計往往會把它刪掉，開整數給我。

其實那個動作只是刪掉尾數，沒有多少錢。但是對我來說，雖然只是刪了五毛錢或三塊錢，我回去還是要寫一張折讓單，才可以把流程走完，讓我很困擾。因為這家廠商給人的印象不佳，相對於其他廠商，交貨時難免就會把它的優先順序往後擺。

後來我設立公司，就囑咐會計，絕對不可以刪尾數。廠商給你的請款單有多少尾數或小數點，你就照那樣開支票，不要省一毛錢、兩毛錢或者五塊錢，那樣做沒有意義，賺那點小錢不會讓自己變得很有錢，卻讓別人很不方便，印象不佳，反而得不償失。

小地方可以給人許多方便，進而創造雙贏

公司的流程之所以會造成別人的麻煩，是因為設計SOP的人沒有在跑第一線，

不知道這些行為影響到了廠商。對於大公司來講，影響的可能是很小的錢，或是早一天付款、晚一天付款的差別而已。但是對供應商，他的資本比較小，差一天、差半個月收到錢，他搞不好就要跑三點半去借錢。

對大公司而言，往往只是把一個流程改變，沒什麼影響，卻可以提供廠商「很有感」的服務。

給人方便，就是雙贏。如果你讓廠商準時收到款，心情很好，將來他也會給你方便。甚至有必要的時候，不妨給他貼現，就是扣他一點點利息錢或手續費，讓他在支票到期日之前收到現金。

有的公司很有錢，偏偏貼現的規定很硬，如果廠商要貼現，一個月收二%，等於年利率二四%，這就太過分了。有時候我們跟銀行貸款，一年的利息才二%，貼現怎麼會收這麼高？就像要用貼現來狠撈一筆。

其實我們可以給廠商方便，要貼現的話，意思意思，一個月扣〇．五%手續費就好。這樣換算年利率等於六%，比多餘資金放定存都高了，公司有賺頭，又能幫助別人，何樂不為？而廠商拿到這筆錢去週轉，也會很高興，以後他交貨一定以你們公司為優先，給你的價錢也是最好的。因為交貨給你，若他需要週轉金要貼現，條件比較合理，不會胡亂扣他錢。

結論

利他就是利己，打造雙贏局面

◆大公司只要用心，調整流程或加強軟硬體，可以給供應商或員工很大的方便。

◆給人方便，不僅可以改善公司跟供應商之間的關係，也能提升員工的向心力。

◆先利他，後來就會利己。貼心給人方便，可說是創造雙贏的祕訣。

38 服務要有感，更要有活的SOP

湯裡有蟑螂怎麼賠？

有一次，我到一家連鎖餐廳吃中餐，喝了一碗湯，湯裡面剛好有一隻蟑螂。我就跟服務的同仁講有一隻蟑螂，她就拿新的湯來換。換了之後，結帳的時候我也沒有注意，走到外面才發現：咦？這張發票怎麼好像少了幾十塊，為什麼今天比較便宜？我就回去詢問，對方回答說，「那一碗湯不算錢。」

剛好那家連鎖餐廳的老闆我認識，我就在一次聚會跟他講，你們的服務其實不太對。他就很緊張，要他們的客服經理打電話給我，跟我講，「對不起啊，讓您吃到一隻蟑螂，我們公司已經開始在打掃、消毒，做很多的整理，這樣您覺得滿意嗎？」我回答，「消毒本來就是你們公司要做的，跟我有什麼關係呢？」

我就跟這位老闆講，「這樣處理不行。」後來他又找一位更高階的經理打電話來解釋，還是不得要領。於是我說，「如果要跟我有關係，送一點折價券，送一點試吃的、免費的東西給我，這樣我才有感覺啊。」後來他真的送來了，又打電話來問，「這樣您滿意嗎？」

我就跟這位高階經理說，你既然那麼認真去追這件事，我就告訴你問題在哪裡。如果想要處理這樣的事，應該在我發覺湯裡有一隻蟑螂的時候，就告訴我如何補償，當時就把折價券給我，或者明確告訴我這一餐免費。不要等我把蟑螂拍了照，甚至上傳到網路，再來彌補，這樣都太慢了。

後來再跟老闆聊，他也覺得很奇怪，因為公司已經規定，每個店長都有權限，每個月有兩萬元的額度，可以報銷客訴的賠償，為什麼店長都沒有上報，也不做處理呢？

從｜故｜事｜中｜看｜見｜迷｜思

第一時間危機處理不佳，錯失最佳時機

這個故事的迷思是：補償沒有在第一時間處理，錯過了最佳時機。

> 第一線人員補償客人，往往不敢面對事實。當客訴發生，沒有清楚地說明補償方案，處理又不夠「有感」。
>
> 面對客人的客訴，客服主管只站在自己公司立場做解釋，沒有滿足客人的需求。而老闆不懂員工心理，自以為有編列補償預算，就可以解決問題。

因應客訴，第一時間採取「有感的」行動

補償客人，一定要第一時間馬上採取行動。補償要有感，例如這一餐完全免費。而且第一線人員要明確地告訴客人，公司如何補償。

到了客服主管的層級，則需要從關心客人的角度，致電表示關切。例如：關心客人吃了以後有沒有身體不適？公司將提供很優惠的補償等等。

大家可能聽過中國大陸海底撈的故事，就是授權第一線人員，可以做非常多的決定，客人不滿意的話，這一餐不算錢都可以。

我也聽過一位教感動服務的老師，他訓練學生說，如果你的客人吃到菜裡面有一隻蚊子，你應該怎麼辦？一開始的答案是「換一碗」，他說這樣做沒有感動。學生說，不然吃到蚊子的人這餐不收錢，他說這還不夠感動。**最後答案是，同桌四個人這一餐都不收錢。這才是感動啊！**

公司的賞罰制度，影響第一線服務品質

剛剛提到，老闆覺得很奇怪，公司已經規定每個店長都有權限，每個月有兩萬元的額度，可以報銷客訴的賠償，為什麼店長都沒有上報，也不做處理呢？

這可能是因為管理方式出了問題。比如說明明規定了兩萬元的額度，但是當客訴發生，店長用掉了五百元去賠償，卻會被檢討、被指責；店長為了怕被罵，乾脆自己墊錢，草草賠給客戶幾十塊，掩蓋案子不要跑出來就好了。

反過來說，如果店長用五百元賠償客人，老闆不但誇獎他，還出示客人稱讚的回函，將店長表揚一番，未來店長的做法就不同了。**換句話說，管理方法跟制度必須配合，才能把很多優質服務真正授權到第一線，讓基層員工知道自己可以做決定。**

真正的SOP應該是活的，不是死的！

還有一家餐廳，其實它的SOP很嚴謹，你打電話去訂位，服務人員一定問你電話號碼。如果你的客人到了，他也會問客人，訂位的手機號碼後四碼是幾號？可是有時候，這套SOP會讓客人很煩。比方我到了現場，位子根本不是我訂的，可能是我的朋友訂的，或者朋友的助理訂的，我怎麼知道他的手機號碼幾號呢？但是服務人員就不敢放行。就算我一眼看到我的朋友，服務員也說不行，一定要確認號碼正確，再由帶位的人帶我進去。

為什麼會訂這麼僵化的規則？可能是因為出過狀況，比方兩個姓陳的先生，都訂了桌子，結果發生了糾紛，從此餐廳就訂下SOP，以後要報出手機後四碼才能放行。越老的公司，越可能發生類似情形，過去因應某個狀況訂下SOP，現在已經不合時宜了，卻沒有把它廢掉。

這種狀況，我稱它為「死的」SOP，由於規則的僵化，反而使服務品質降低。相**反地，真正的SOP應該是活的，是從心和腦出來的行動，就是存著為顧客好的心，**

用腦思考最佳的做法，而不是看著SOP條文，一成不變。

當然，要做到這點，需要主管對第一線人員做好訓練，給他們相當程度的授權才行。**甚至，還要鼓勵第一線人員觀察、回報問題，滾動檢討原有的SOP，來避免僵化。**

結論

補償客人要有感，第一時間就做好

- 服務出了問題，補償客人要有感，出手一定要大方，而且第一時間就要做。
- 老闆要留意，設計優良的機制，鼓勵員工妥善回應客訴。
- 對於過時的SOP，要鼓勵第一線人員觀察、滾動檢討，並且回報。

39 維修保固的另類思維：贏了客戶，改善了品質

客服高下境界，有如天壤之別

有一次，我買了飛利浦刮鬍刀與電動牙刷，故障了拿去修。我覺得服務不錯，經銷商的店員用電腦查詢，確認產品在保固期之內，再看看外表沒有人為損壞，二話不說就換了一組新的給我。

過了幾天，我的冰箱壞掉，找原廠的經銷商修理，他卻跟我說要看「保固單」。老實說，這個冰箱我用了兩三年，保固單早就不知道放到哪去，於是在這裡就卡關。後來我費了一番功夫，終於找出保固單，問他們需要多少錢維修？他們說要一萬多元。我嚇了一跳，買新的冰箱也只要兩萬多，這時候心裡就很掙扎，是不是乾脆買新的算了？

我還是沒有下決定，於是先去訪價，結果附近的非原廠電器行，只要五千元就可以

修復了。

我心裡不禁嘀咕，維修費這麼貴，難道是原廠的政策嗎？最後，我不但不再光顧那家經銷商，對原廠品牌也留下不好的印象。

從一故一事一中一得一到一啟一發

積極的售後服務，讓客戶對品牌觀感加分

飛利浦給我們的啟發，是它明確告知直營店或經銷商，對於不良品積極更換，保固期內連維修都不必，直接換新品，客人的反應當然十分良好。

某冰箱的經銷商則陷入迷思，連幫忙維修都認為是吃虧，所以重重卡關。甚至想要藉由維修機會推銷新品，刻意高報維修價格。其實若客人感受不佳，恐怕根本不會跟他購買。

電腦連線時代，維修不用再看保固單

在所有服務用電腦連線的時代，要看到保固單才維修，似乎有點落伍。產品本身有產品號碼、QR-Code，或是電腦裡早已輸入客戶資料，用手機號碼就能查到，根本不需要麻煩客人拿出保固單。

廠商索取保固單的目的，不外乎確認客戶是否跟自己購買？產品是否在保固期內？維修是否為自己的責任？可是**在今天，這些確認的工作，其實都可以藉電腦連線達成，不必再依賴保固單。如果店家沒有這套系統，應該馬上建置，以免在服務上遠遠落後於競爭對手。**

以今日資訊的發達，維修前堅持要看保固單，實在很不方便。客人甚至會覺得，這是經銷商的一個藉口，不想把不良品收回去修理，留下很不好的印象。

直接換貨不維修，讓原廠提升品質

更高規格的服務，是保固期內不必維修，直接換新品給客人。這當然需要從原廠到直營店、經銷商都有共識。例如產品故障讓經銷商直接換貨，退回原廠，由原廠負擔所有的成本。

原廠為什麼應該這樣做？思維的模式大致如下：如果保固期沒到就故障，表示它是不良品，一定有些問題。假如原廠不回收，交給下游經銷商的師傅維修，原廠根本不知道自己的產品出了哪些問題。**直接回收不良品，不僅客戶感受極佳，原廠收到貨也有機會檢查，甚至送回研發與設計部門，了解故障的真正原因，未來就能「從源頭」改善產品的品質。**

直接換貨，不留給經銷商作弊空間

產品故障讓經銷商直接換貨，對原廠還有一個額外的好處，就是不讓經銷商有作弊的空間。

所謂作弊，就是經銷商為了銷售新品，把維修費拉高，因為賣新的比較好賺，而原廠通常並不知道這件事！如此一來，反而減損了客人對原廠的信賴感，影響了商譽，這當然不是原廠的本意。

相反地，若原廠打出保固期內直接換新品的訴求，甚至過了保固期也送原廠維修，由原廠收取合理維修費用，不但經銷商的作弊空間不存在，客人也會對原廠的服務更具信心。

幫忙維修等於爭取客戶，可帶進未來商機

從經銷商的立場，幫忙維修也是爭取客戶的好方法。就算這個故障的產品不是自己賣的，如果有能力維修，何不收取合理的維修費用，幫客人修理？如果修得好，客人不是更感激你，成為你的客戶嗎？

打廣告吸引一個粉絲或客人來到店面，其實成本不低，可能需要三、五百元。來詢問能否維修產品的人，卻等於是免費送上門的客人。他本來不是跟你買，現在來找你修，表示他本來不是你的客戶，現在變成你的，不是更好嗎？

重點是，用維修服務留住一個客人，很可能比宣傳帶進一位客人便宜。此時，若以高昂的維修費把客人嚇跑，對店家更是機會成本的損失啊！

精算成本，以免費維修建立差異化服務

剛剛講收取合理維修費用，是一般的服務。更進一步，原廠與經銷商甚至可以思考，對客人一律提供免費維修！

維修當然需要一些工本費，但對於原廠來說，提供免費維修服務，客人口耳相傳，或許可以省下不少廣告費。

就算原廠沒有這套制度，經銷商自己也可以盤算一下，即使原廠不給零件，能不能自己吸收？通常維修的零件成本不高，如果自己準備一些備品，可能花的錢並不多。如果要提供免費維修，不妨把增加的零件成本與工資折算一下，一年會增加多少成本？

假如經銷商做了這件事，等於提供優於同業的差異化服務，若經過估算，藉此可以增加一至兩成的業績，利潤就可以抵銷這些成本，甚至賺得更多！

結論

維修保固觀念需要更新，它是爭取客戶的契機！

◆維修保固，絕對不是麻煩事，而是爭取客戶的契機！要求看保固單來刁難客戶，是不聰明的做法。應該活用數位工具，來查詢客戶資料即可。

◆原廠直接回收不良品，換新品給客戶，客戶的感受是最好的；原廠也能從源頭找出問題，改善品質；同時，也讓經銷商完全沒有作弊的空間。

◆更進一步，原廠或經銷商都可以精算成本，評估提供「免費維修」的差異化服務，藉此提升業績，賺取更多利潤。

40 客訴也是好契機，坦白第一時間認錯

故事一：坦白從寬的老闆娘

有一次我去浙江宜興旅遊，參觀梁山伯與祝英台的故鄉。因為行程延遲，原來訂的餐廳已經打烊，不能夠吃中餐。我跟同行的人就到附近逛逛，看看哪一家還有開，逛到後面有一家，老闆娘說，「沒問題，我們可以供應午餐。」

我們就進去開始點菜。首先我們要剁椒魚頭，她說魚頭沒有了；我們又點一道白斬雞，她說白斬雞也沒有了；點了好幾個菜都說沒有，我們就說，那你們有什麼，就出什麼菜吧。

後來我們發覺，米飯煮得不夠熟，雞燉得也不夠爛，菜煮得也不怎麼樣，我們就問老闆娘，「怎麼這麼難吃？這些東西到底是誰煮的？」她說是二廚弄的。

我問二廚到底是誰？她說是我先生。那這東西到底給誰吃的？她說給我公公吃的，

你們來了我就剛好端出來給你們吃。你們還缺什麼東西，我就馬上去買；你要什麼東西，我就到田裡去摘。一問一答，她都非常坦白。結果那天我們都沒有生氣，還把她酒櫃子裡的酒幾乎都喝光光，喝到下午四點多才離開，吃得很高興。

故事二：我是奧客

過去我們輔導一家做巧克力的廠商，它賣的是原豆原脂的巧克力，很容易融化。某一回，一位扶輪社的朋友買了這種巧克力給人，隔天拿到巧克力的人，又可能再去轉送給另外一個人。雖然第一個拿到巧克力的人，知道這個產品要冷藏，交下去第二手的時候，對方卻已經不知道要冷藏，巧克力後來就融化了。客人打電話來客訴，廠商問我碰到這種情形，該怎麼辦？

我說這個狀況，已經是非不明。廠商固然交代了客戶，但第一手客戶交給第二手沒說要冷藏，理論上是他的事；但問題是，從最後收到巧克力的客戶看來，還是廠商的問題。

我就建議廠商，應該要賠償這位客戶，還要非常謝謝他說，「因為你的提醒，所以我們連包裝都改了，加了很多的提示，告訴客人這種產品需要冷藏，避免以後再發生這種問題。」

後來廠商送給客訴的客人一份新品，那位客人對他說，還好你有送來，其實我剛寫了一篇名為「我是奧客」的文章要公布出去，抱怨你們服務不周。幸好我沒貼出去，你就送來了，所以我現在改寫成你的服務非常好，我還會介紹客人給你。

從故事中得到啟發

與其爭輸贏，不如退一步贏得客戶的心

第一個故事的啟發是「誠實為上策」。如果當時老闆娘找理由推托，反而會爭吵，但她非常坦白，不會爭辯，你問什麼問題，她就告訴你真實的答案。客人反而覺得這個老闆娘非常老實，想要罵都罵不下去，甚至覺得她非常有趣。

第二個故事的啟發是，當客訴案件的是非難辨時，廠商寧願犧牲，才能創造好的結果。不要在爭執後贏了面子，卻失去客戶的心。

第一時間認錯，將讓客戶感受改進誠意

服務人員願意第一時間承認錯誤，然後改進，其實客人是感激的。

相反地，如果服務人員下意識找理由爭辯，例如宜興的老闆娘，當我們反映雞燉得不夠爛，如果她說，「我這個雞是土雞，是你自己牙齒不好，不是我燉得不夠爛。」你看會不會爭吵？我們搞不好拍拍屁股就走人了，根本連吃都不想吃。但她坦白得可愛，就留住了客人。

同樣地，無論在任何公司服務，遇到退貨流程，請不要直覺地抗拒，千方百計要客戶打消退貨的念頭。而是第一時間檢討自己，如果有錯，說聲對不起，以坦白的態度勇於面對問題。**讓對方感受到你的誠意，看到你積極為他處理問題的過程，反而可能感動對方！**

是非不明，寧願犧牲，反能開啟未來合作

碰到客訴，有時候是非不明，不知道是廠商的錯，還是第三方的錯，說不定廠商還會認為客戶自己有責任。然而，即使廠商沒有錯，但此時若堅持據理力爭，客戶難免對

其服務態度不滿。只要一開始爭論，不管怎麼說都會惹惱客戶，讓他不願再來購買，甚至在網路上批評廠商，使得商譽受損。**跟客戶爭執，贏了面子，卻失去了生意，是得不償失的事。**

相反地，即使不見得自己有錯，廠商也願意認錯的話，卻往往能立即化解與客戶的衝突。假如廠商願意犧牲一點，提供退換貨服務，甚至可能開啟未來合作的契機，好處多多。

吃虧就是占便宜，坦白從寬，創造雙贏

業務人員會抗拒退貨，甚至與顧客爭辯，往往是因為眼前會有損失，其中包括損失個人的業績，或是公司的利益。

其實，稱職的業務員不該太計較凡事是否對自己有利？是否會吃虧？為客戶多設想一點，自己多犧牲一些，短期內看起來似乎吃虧，長期來看，由於贏得了客戶的心，對業務員自己仍是受益無窮。

面對客訴，如果寧願犧牲，會不會讓公司難以負擔？**這時候要做通盤的計算，把退**

換貨的成本，跟損失客戶的機會成本、影響商譽的無形成本都考慮進去。如果這樣做，你往往會發現，寧願犧牲對公司是比較划算的。

至於有些情況，退貨成本真的太高，公司負擔不起，此時還是要跟客戶坦白，有錯就要認錯。然後再運用水平思考，找出客戶與公司都能接受的變通方案。坦白從寬，客戶可能會諒解，甚至幫著你一起想辦法，以減少雙方的損失。

對客戶與老闆，誠實為創造信賴感的上策

我們在公司裡還會遇到一類問題。也許交貨來不及了，業務人員就對客戶搪塞一堆理由，那些理由不一定是真的，但他在第一時間說了謊。當客戶追問下去，為了圓這個謊，他就要找另外一個理由，最後就破綻百出。

其實很多事情，業務應該坦白地告訴對方，在第一時間就認錯，危害反而比較小。如果不誠實面對，到了最後，客戶已經在氣頭上了，還發現業務講謊話騙他，恐怕他就越想越氣。當客戶對業務產生不信任，後續談任何事情都會很困難。

屬下面對老闆也一樣，老闆交代一件事情，屬下辦不到，但是不敢老實講，就撒一

個小謊，隨便找個理由推托。等到老闆追問，又得撒更多謊，還是不免被拆穿，最後留給老闆非常差的印象。

相反地，誠實為上策。**因為第一時間你就說實話，對方也可以思考備案。相處久了，對方知道你向來誠實，就會建立金錢買不到的信任感。**

結論

第一時間認錯，誠實是解決問題的良方

◆遇到客訴，若是自己有錯，就該第一時間認錯。誠懇坦白，還可能開啟新的業務契機。

◆假如狀況複雜，難斷是非，從服務的角度，也應該先認錯。即使你有道理，爭贏面子，通常會失去客戶；先認錯卻更能贏得客戶的心，對公司也比較有利。

◆最後，無論對外部客戶或內部的主管、老闆，誠實都是解決問題的良方，更能建立他人對你的信任感，信賴的無形價值是非常高的。

後記

樂觀積極隨緣，無私分享惜緣，嚴以律己，寬以待人

影響我處事原則的兩大中心思想

有次去深圳，某位主管拿一幅鍾馗的畫問我：「曾先生，您覺得這幅畫掛在牆壁上好不好？」我說，這要看您自己啊！您是要美化？還是要避邪？

結果他反問我：「曾先生，請問您掛在牆上的『緣』字又是什麼意思？」

我在辦公室掛有「緣」的作品，大部分的人看到，或許都會認為它僅代表了「廣結善緣」的意思。確實，將「緣」掛在辦公室，正代表了「Welcome」，歡迎大家進到友尚結緣，具有廣結善緣之意。但是，「緣」對我而言其意義尚不止於此，它是一個中心

思想，許多我對人、對事的做法，甚至決策的考量都是以此為圭臬。

除了「緣」之外，「嚴以律己，寬以待人」也是影響我很深遠的另一個中心思想。這門功夫是我在金門當兵時練出來的，當年，為了要打發當兵時被抓公差、站衛兵……等枯燥、無趣的作息，心血來潮，我就將「嚴以律己，寬以待人」這八個大字貼在碉堡上，提醒自己：就把派公差當成是鍛鍊身體吧！反正閒著也沒事，一直抱怨要做，哼著歌也是照做，何不換個心情來看待所有要面對的事情？如此一想，就能以正面的情緒，快樂地做任何被分配到的工作。

中心思想之一：緣

我和各位一樣，職涯中做過業務員、主管等各種層級的工作，尤其是國際通路商業務員，實在有太多無法掌握、不如意、失望的事情。在這些情境下，您的情緒自然會隨之起伏，如果沒有一個中心思考方式予以平衡，將會讓您每天都在難過中度過。其實這不只是業務員的專利，幾乎所有的人都一樣，總會因人事物的影響使情緒起伏不定。

那麼，「緣」對我的感悟究竟是什麼？可以從兩方面來看：

第一個緣：樂觀積極隨緣

「隨緣」有兩種：一種是消極的態度，另一種則是積極的態度。消極隨緣的人，往往會抱持著不計較、無所謂的態度，隨遇而安，不會積極努力地嘗試改變現狀，甚至可能選擇出世當和尚，從此與世事無關；而我，則是選擇樂觀、積極的態度面對，所以對我而言，第一個「緣」的意思是樂觀積極隨緣。

面對所有的事情，朝正向去思考，凡事抱持希望，這就是「樂觀」。正因為有希望，即使只有萬分之一的曙光，我們也要盡一切努力設法達成，一定要試到最後一秒鐘、最後一種方法，這就是「積極」而非「消極」的處事觀念與態度。一旦盡過心力後，事情成敗與否，就應該「隨緣」處之，以隨遇而安的態度看待，該您的便是您的，強求未必是好事。失之東隅，可能獲得另一個更好的「桑榆」。以「平常心」處之，失望只是短暫，這就是隨緣，想通了、想透了，很快又可重拾信心再出發。

換句話說，如果您已經盡了百分之百的努力，結果仍然不如您意，大可將它當成「天意」隨遇而安，也就是想「這是上輩子欠人家該還的債，還完債就OK了」，不要太自責或過度失望，以致久久無法平息，甚至因而衍生其他不必要的負面影響。

對事如此，對人也是一樣。假設您對一百個人非常好，結果有五個人後來反咬您一口，您也要認了，或許這就是上輩子欠人家的。

我的經驗是用「盡人事而後聽天命，保持樂觀、積極而隨緣的態度」來平衡失望、不如意的情緒。只要我們已經盡力，如果確定所有該Try的都做了，已經盡了最大的力量，得不到就不是我們的錯，這是命，也可能是上輩子欠人家的債，還了債就好了。

第二個緣：無私分享惜緣

第二個「緣」的定義是：無私分享惜緣。基於無私的想法，無論是您的優點或是缺失，我都毫不藏私，直接表達，不會因為怕傷了彼此的和氣或感情，只挑好聽的講。或許會因此惹您討厭、嫌我囉唆、不上道，我也不會計較，因為我的出發點是為您好，這就是「無私」。

再者，我也非常樂於將自己的經驗、心得告知大家，儘可能地提供建議、解決方案，知無不言、言無不盡，用真心和大家「分享」。一旦您我有緣成為同事或朋友時，我都會非常珍惜，不會輕易地去斬斷這份緣，和您保持良好的關係，這就是「惜緣」。

我總希望能時時懷抱無私的立場，盡可能地提醒朋友、屬下等，讓他們可以因而更好，並樂於將所知所學和大家分享。也因為時時懷有珍惜彼此緣分的心，更讓我樂於無私分享惜緣。

事實上，它還可以分成兩種多元定義和解讀的「緣」。比如說，「無私」跟「分享」這兩件事，可以分開講，也可以結合來看待。以更寬廣的視野來看，無私是一件事，分享是一件事，無私分享結合起來也是一件事；甚至，無私分享惜緣又可有另一番解讀和定義。同樣地，樂觀是一件事，積極是一件事，樂觀積極隨緣又是一件事。這就是我的中心思想，您可以拆開來應用，也可以合併起來看待，無論從兩個字、四個字，甚或六個字都各有其不同的意義和心境體會。

這也是為何我能持續保有一份熱情，並樂於將自己的心得鉅細靡遺地分享給大家。我最主要的原動力，就是來自「珍惜」和各位同事、朋友的「緣分」，所以我願意「無私」且「積極」地把一路走過來的心得、經驗和方法，「分享」給大家，這也是「隨緣」、「惜緣」理念的實踐。只要是「有緣人」就可以從中獲得某些有用的價值經驗，可以從中找到一些克服自己壓力和瓶頸的方法，甚至某些做人處事更順暢愉快的啟發，對我而言就是最好的回應。

中心思想之二：嚴以律己，寬以待人

除了「緣」之外，第二個中心思想是「嚴以律己，寬以待人」。因為長久以來在這種觀念的自我檢視下，凡事我都會先檢討自己，因此常常會檢討自己錯在哪裡，也很容易原諒別人。

剛剛提到我是在金門當兵時練出這門功夫，不能不提我的連長。其實他的脾氣有點大，有時也會修理我。被他修理了，我當然高興不起來，但馬上心裡轉念就想，連長是個老芋仔，沒娶太太本來脾氣就不好，或者是昨天他可能賭博輸錢了，所以今天心情不好；多替對方找藉口，轉念想著就很容易原諒他了。

也因為「嚴以律己，寬以待人」這八個大字，是我自己手寫貼在碉堡上，所以每當生氣時，就會看到並立即發揮效用，提醒自己「一定要先自我反省，再從不同角度深入去思考」。

於是，在金門當兵一年多的日子，我整個情緒的控管和心性的修養進步很多，比較不容易生氣，碰到事情往往第一個念頭是「我有什麼地方做得不夠好？」接著，則會朝正面思考，或是換一個角度去考量，因而更能體會、原諒對方，怒氣不輕易上心頭。

嚴以律己，只要求自己；寬以待人，善待身邊人

當然，說我完全都沒有火氣，那是騙人的，情緒還是會有。但重要的是，多快可以讓自己將怒火放下，心平氣和地面對、處理事情？比如說，已經告知某業務，A公司營運有問題暫且不要接單，但該業務還是和A公司往來，結果被倒帳了。當下我也很生氣，但馬上轉念一想，該業務也是為了公司好，希望多衝點業績、多幫公司賺點錢，轉念之後，很快就可以原諒他，並且還可以有耐心地和他一起研究、處理善後事宜，而不至於只是一直責罵他：跟你說不要做你還做%#$^……。因為這樣也於事無補。

過去，我太太常常會向我抱怨：「你對別人都不會生氣，為什麼對我有時候就會發脾氣？對助理都很客氣，為什麼對我例外？」我告訴她：「因為我沒有把妳當成外人，我把妳也當成自己，所以會用同等的原則去期待妳。」

後來想想，我們常常會對親近的人忘了尊重與禮貌，其實並不正確。所謂「嚴以律己，寬以待人」，我們應該把「己」的範圍儘量縮小到只有自身的範圍，這樣就能對身邊的任何人都很客氣，不會亂發脾氣了。這也是「嚴以律己，寬以待人」中心思想另一個角度的演繹，所謂的「己」，究竟牽涉到的範圍有多寬？關於這一點我還做得不完美，必須持續修養，與大家共勉。

先檢討自己，正向思考，化苦為樂

大體來說，「嚴以律己，寬以待人」除了要自我要求、自律並且待人寬厚外，還應該更積極地去面對所有的問題。一旦碰到不順的事情發生時，必須先檢討自己，一定要從中找出自己的錯誤所在，就算沒錯也要設法從中找出自己的錯，唯有具備這種「千錯萬錯都是我的錯」之胸懷，才能更容易地去體諒、寬恕別人，也才能更理性、客觀地針對問題提出解決方案。

事實上，事情發生的所有相關者，在某些方面一定都有錯。如果您不去檢討，眼中所看到的永遠都是別人的錯，但如果您仔細自我反省、檢討，可能就會發現您也有錯，也有可以再注意修正的地方。能夠這樣做，不僅對職場人際關係，甚至同事共同解決事情上可以更正面、更順利，對未來處理事情上也將會更有默契，進而臻於圓滿。換言之，您必須要有先承認錯誤的胸襟，才能培養出原諒別人的氣度。

一般人很容易抱怨主管不公平或公司制度不好，主管也常常埋怨他的部屬不理想。我們有時受別人影響，有時面臨低潮期，有時因思考方向錯誤，心中常常悶悶不樂，到處訴苦，日子過得相當辛苦。其實如果您可以多欣賞別人的優點，並且常常檢討自己不足之處，朝正面思考或換個立場去考量事情，體諒別人，很多的抱怨便自然而然得以化解，自己也能因此過得更快樂。

特別是身為業務員或當主管的我們，遭受到的情緒壓力與挫折更是不勝枚舉，我也一樣。但是該如何面對這些接踵而來的事情？首要學習的是：當事情發生時，您是用什麼樣的態度與觀念來面對情緒？這就像是一門情緒管理的課，當找出「您處理事情的原則」之後，這份原則就成為您做好情緒管理相當關鍵的元素。

對我來說，這麼多年來，就是「緣」加上「嚴以律己，寬以待人」這兩個思想一直影響我的行為。我分享這兩個中心思想作為本書的結語，希望對讀者有些幫助，共勉之。

曾國棟

採訪後記

微言大義的故事心法

讀一則故事，可以大受啟發。

講一個故事，足以說動君王。

知昂有幸跟曾董事長開啟這場故事之旅，要感謝陳來助董事長，讓我在車庫餐廳的餐會聽曾董談到他著書的想法。第一次深深體會到，故事對個人職場修練、企業經營管理的力量，則是在友尚大樓的二樓會議室中，我拿著錄音機，錄下曾董這位千億營收企業主，一路走來所凝鍊的人生智慧，像極了一對一的ＥＭＢＡ課，而我就是獲益最大的那人。

採訪的進程約莫過了三個多月，新冠疫情風雲變色，IC之音為了員工健康著想，知昂不能再上台北，需要在家上班。曾董的EMBA課頓時響應線上學習的熱潮，將這兩本大作的整理，改成線上錄音進行，知昂先整理成文稿，再請曾董指教，一方面出書，一方面未來改版錄製成電台的精彩音頻內容。有趣的是，適逢知昂的長子出生，回顧跟曾董的線上錄音，還會聽到片段的嬰兒笑聲呢。

這段日子，歷經電台的工作任務，為人父的泡奶、哄睡之責，還有假日或晚間整理文稿的忙碌，要感謝內子奕君承擔了絕大部分的持家操勞，讓我無後顧之憂。而在新手爸媽照顧孩子的小小混亂場面中，我同時整理曾董的智慧結晶，這個千頭萬緒的場面，也跟職場實況有點類似吧？就像曾董所說，一進公司，問題永無止盡，有所成就的人，誰不是在公司裡忙得像打仗，同時又得摸索著學習？

當事情繁瑣如一團亂麻，怎麼學習？曾董兩本大作的價值在此顯現出來，就是故事的力量。人類是唯一會說故事的生物，故事情節有因有果，有時間有次序，更有邏輯跟一點點的趣味性；所以，聽故事也是最好的學習方式，如果你記住了一個故事，就忘不了背後的職場心法。

這個道理古今中外不變。莊子談大鵬振翅九萬里，既反映哲學的意境，也比喻追求高遠目標的志向。耶穌說浪子回頭的故事，父親的愛和接納，與浪子的悔悟，成為古今多少人咀嚼再三的經典。戰國策或唐宋明清的名臣，甚且藉著故事或比喻，讓君王明澈道理，做出比原先好得多的決策。

同樣地，當你我在一團亂糟糟的忙碌中，讀到曾董講的故事裡有個老闆，因為怕業務員領不到業績獎金，竟不敢調高公司的業績目標，多半也會心一笑，這當然是可以變通的嘛！聰明的老闆怎會想不到？但當你我身在局中，很可能也需要故事來點醒，才會恍然大悟。

「知昂，故事裡不要有論述，只要故事就好。」這是曾董在著書過程裡，最常提醒的一句話，因為這就是故事的個中之妙。只要情節引人入勝，自然讓人想讀下去。就算真忘了讀過的內容，只要你拿起書本，翻看一眼故事，就能想起曾董無私分享的四十年職場精華，其中都是實打實的經驗，單刀直入，讓你應用在變化萬千的職場。

故事，豈不是最有效的學習？

李知昂

新商業周刊叢書 BW0757

管理者每天精進1%的決策躍升思維
精準決策、帶領團隊、強化績效的40個管理藝術

原著・口述／曾國棟
採訪整理／李知昂
編輯協力／張語寧
責任編輯／鄭凱達
版　　權／吳亭儀
行銷業務／周佑潔、林秀津、王　瑜、黃崇華、賴晏汝

總 編 輯／陳美靜
總 經 理／彭之琬
事業群總經理／黃淑貞
發 行 人／何飛鵬
法律顧問／台英國際商務法律事務所　羅明通律師
出　　版／商周出版
臺北市104民生東路二段141號9樓
電話：(02) 2500-7008　傳真：(02) 2500-7759
E-mail: bwp.service @ cite.com.tw
發　　行／英屬蓋曼群島商家庭傳媒股份有限公司　城邦分公司
臺北市104民生東路二段141號2樓
讀者服務專線：0800-020-299　24小時傳真服務：(02) 2517-0999
讀者服務信箱E-mail: cs@cite.com.tw
劃撥帳號：19833503　戶名：英屬蓋曼群島商家庭傳媒股份有限公司城邦分公司
訂購服務／書虫股份有限公司客服專線：(02) 2500-7718；2500-7719
服務時間：週一至週五上午09:30-12:00；下午13:30-17:00
24小時傳真專線：(02) 2500-1990；2500-1991
劃撥帳號：19863813　戶名：書虫股份有限公司
E-mail: service@readingclub.com.tw
香港發行所／城邦（香港）出版集團有限公司
香港灣仔駱克道193號東超商業中心1樓
電話：(852) 2508-6231　傳真：(852) 2578-9337
馬新發行所／城邦（馬新）出版集團
Cite (M) Sdn. Bhd.
41, Jalan Radin Anum, Bandar Baru Sri Petaling, 57000 Kuala Lumpur, Malaysia.
電話：(603) 9057-8822　傳真：(603) 9057-6622　E-mail: cite@cite.com.my

封面設計／FE Design葉馥儀
印　　刷／鴻霖印刷傳媒股份有限公司
經 銷 商／聯合發行股份有限公司　電話：(02) 2917-8022　傳真：(02) 2911-0053
地址：新北市新店區寶橋路235巷6弄6號2樓

■2020年12月8日初版1刷
■2024年1月12日初版8.2刷

Printed in Taiwan

定價390元
ISBN 978-986-477-959-8

版權所有・翻印必究

城邦讀書花園
www.cite.com.tw

國家圖書館出版品預行編目（CIP）資料

管理者每天精進1%的決策躍升思維：精準決策、帶領團隊、強化績效的40個管理藝術／曾國棟原著.口述；李知昂採訪整理. -- 初版. -- 臺北市：商周出版：英屬蓋曼群島商家庭傳媒股份有限公司城邦分公司發行, 2020.12
面；　公分. --（新商業周刊叢書；BW0757）
ISBN 978-986-477-959-8（平裝）

1.企業領導　2.組織管理

494.2　　109017844